轻松玩转 100 种常见 多肉植物

张华 著

U0235284

吉林摄影出版社
·长春·

图书在版编目（CIP）数据

轻松玩转 100 种常见多肉植物 / 张华著 . -- 长春：
吉林摄影出版社 , 2020.7

ISBN 978-7-5498-4382-4

Ⅰ . ①轻… Ⅱ . ①张… Ⅲ . ①多浆植物 – 观赏园艺
Ⅳ . ① S682.33

中国版本图书馆 CIP 数据核字 (2019) 第 276259 号

轻松玩转 100 种常见多肉植物
QINGSONG WANZHUAN 100 ZHONG CHANGJIAN DUOROU ZHIWU

著　　者	张　华	
出 版 人	孙洪军	
责任编辑	胡晓路	
封面设计	王照远	
开　　本	787 mm × 1092 mm	1/16
字　　数	80 千字	
印　　张	14	
版　　次	2020 年 7 月第 1 版	
印　　次	2020 年 7 月第 1 次印刷	

出　　版　吉林摄影出版社
发　　行　吉林摄影出版社
地　　址　长春市净月高新技术开发区福祉大路 5788 号
　　　　　　邮编：130118
网　　址　www.jlsycbs.net
电　　话　总编办：0431-81629821
　　　　　　发行科：0431-81629829
印　　刷　天津盛辉印刷有限公司

ISBN 978-7-5498-4382-4　　　　定价：49.80 元

多肉植物因其或可爱或优雅的姿态、或淡雅或灿烂的颜色，以及超顽强的生命力而成为植物界的宠儿，被广大"肉友"们冠以各种美妙的称号，如"神奇萌物""小精灵""有生命的工艺品"等。

多肉植物品种繁多，如莲花掌属、拟石莲花属、景天属、十二卷属、伽蓝菜属等，且不说每一个品种都与其他品种不同，就是同一株多肉植物，也会随生长环境的改变、养护方法的不同，以及季节的变换而呈现出不同的姿态、不同的颜色。只要你在养护它们的过程中用心一些，这些"萌神"们就会绽放整个生命来回报你。

黑法师，一个神奇而又妖娆的多肉植物，莲花状的造型，庄严中带着神秘的美丽。在阳光的照射下原本翠绿的颜色，在人们惊讶的目光中渐渐变成了紫黑色，原来这样浓重的颜色也可以如此美丽，瞬间便可为你的居室增添无限的魅力。

熊童子，如同一个萌萌可爱的小熊脚掌，厚厚的叶子，细细的绒毛，灿烂的阳光会让它舒展身体尽情绽放，带给人们无尽的喜悦，红色的花朵娇小秀气，整体造型小巧玲珑。在书桌一角放上这样漂亮雅致的多肉小盆栽，立刻让你的书桌文艺范儿十足。

那么，怎样做才能让多肉植物生长得更加健美，从而将其独特的魅力淋漓尽致地展现出来呢？为此，本书精心选取近100种常见多肉植物，对其进行全方位介绍。你是多肉新手，不知道怎么开始和多肉打交道？不怕，这本书从多肉的概念、多肉的购买、多肉的养护到多肉的繁殖进行详细介绍，带你走进多肉新世界。你是多肉资深爱好者，一般的多肉玩法早已了然于心？也不怕，这本书呈现了许多构思新奇、创意满满的多肉组盆，与你一起去探索多肉的未知领域。

那么，就让我们为多肉腾出一点时间，让自己全身心投入到多肉植物的乐园，去打造一个专属于自己的多肉花园吧！

目录

1

第四章
多肉创意组合

第 一 章

为养多肉做好准备

在开始养多肉之前，我们需要先了解一下有关多肉的基本知识，如多肉的分类、多肉的购买、多肉的土壤和用盆，以及养多肉所需的工具等。只有这样，才能养出生长良好、姿态万千的多肉。

什么是多肉植物

　　多肉植物别名多浆植物、肉质植物，因其可爱的形象吸引了众多爱好者，在园艺学中被称为多肉花卉。为了表达对它的喜爱，越来越多的爱好者称呼它们为"肉肉"。目前，多肉植物在全球共有50多个科属，10000多种，其中较为常见的有景天科、番杏科、百合科、大戟科、仙人掌科、葡科、马齿苋科等。

多肉植物的特点

多肉植物有肥厚的茎叶或根部，这些特殊的器官使它们具有强大的蓄水功能，因此即使长时间不浇水，多肉植物也能依靠自身储存的水分，很好地生存下来，这也显示出多肉植物具有抗旱的特性，因此在沙漠或者较为干旱的地方都可以看见它们的身影。此外，在一些海岸地区也可以寻找到它们的踪迹，阳光充足的地方是它们最爱的地方。

多肉植物的种类

景天科

景天科在全球分布广泛，主要生长在热带干旱地区，共有 34 个属 1500 多种，分布在中国的有 10 个属 242 种。景天科多肉植物大多生长在岩石上、山坡石缝中，以及山谷崖间。景天科属于一年生或多年生肉质草本植物，繁殖能力很强，喜欢充足的光照和湿润的环境，对土质的要求并不严格，生长温度在 15 ~ 18℃之间最为合适。花开时异常绚丽，且颜色多样，有红的、黄的、粉的、白的等。枝叶繁茂，叶子多为单叶，以互生、对生、轮生的形式生长，整体植株较为矮小，是屋顶绿化的绝佳选择，较为常见的是伽蓝菜属和景天属。

伽蓝菜属多为肉质草本，叶对生，常有抱茎的叶柄，或全缘，或有齿，或羽状分裂。圆锥状聚伞花序，花多数为白色、黄色、红色等，可用作公园展览或园林造景。

景天属是一年生或多年生草本，叶对生、互生或轮生，花序呈聚伞状或伞房状，大多生长在分枝一侧，花色有红、黄、白、紫等，具有很高的观赏价值。

薄雪万年草

月兔耳

番杏科

　　番杏科是一年生或多年生草本或者半灌木，是典型的肉质植物，在非洲、亚洲、大洋洲等地区均有分布，大约有 120 个属。番杏科的植株大多数较为矮小，但茎枝或叶片极为肥厚，是一种非常奇异的多肉植物。叶子多为单叶，对生或互生，花开时呈红色、黄色或白色，与菊科植物的花朵颜色类似。对于生长环境，番杏科的要求比较高，夏季需要良好的通风和干燥阴凉的环境，秋季需要充足的水分，因此，除原产地植物之外，其他地区的大部分番杏科植物需要种植在温室中。在番杏科中较为常见的为肉锥花属、日中花属、生石花属。

　　肉锥花属有很多的品种，形态多样，叶片有球形和倒圆锥形。它的植株一般比较小巧，生长速度缓慢，多为对生的半球叶片或者耳形叶片。秋季花盛开时，最为灿烂夺目。

　　日中花属为一年生或多年生的匍匐或直立草本，有时也呈半灌木状。叶一般对生，罕见互生，三棱柱形或扁平状，全缘或稍微带刺，花多单生茎顶或叶腋，有时也呈蝎尾状聚伞花序或二歧聚伞花序，颜色丰富。

　　生石花属的植株矮小，叶片多为对生，平坦的顶端中间有一条裂缝，花朵就是从这条裂缝中生长出来的。它的形态十分独特，不仅有状似卵石的外形，还有斑斓的色彩，被称为"有生命的石头"，对生长环境的要求十分苛刻，除了生长期外，需要保持盆土的干燥。

五十铃玉

生石花

慈光锦

百合科

百合科在全球都有分布，其中以亚热带和温带地区最为密集，种类十分丰富，在我国大约有 60 个属，全国各地均有种植。百合科的植物既有名贵花草，又有上好药材，甚至有些还可以食用。它的叶子多为互生，花朵呈辐射对称开放，植株也大部分都有茎部或者根状茎。在百合科中常见的有芦荟属、十二卷属和鲨鱼掌属等。

芦荟属为灌木状的肉质植物，植株大多没有根茎，叶子大多集中生长在根部，呈莲座状，开黄色或红色的花，叶和花外形都很美观，适合观赏。其中有些种类的汁液可以作为提炼制作化妆品以及烫伤膏药的原材料。

十二卷属是多年生的草本植物，植株较小，生长环境要求不是很高，既耐寒又耐半阴，尤其是冬天对温度的要求不高。叶片的形状变化多端，有很好看的茎叶和斑斓的色彩，很适合家庭栽培。

鲨鱼掌属有着十分美丽的外观，叶片肥厚，有很好的储存水分的作用。它的形状似舌且多为单叶互生，叶面较为粗糙，有乳状突起。鲨鱼掌属的多肉不需要太多的水，但是要种植在明亮的环境中。

条纹十二卷

姬玉露

琉璃殿

5

大戟科

　　大戟科主要分布在温带和亚热带地区，在我国有 66 个属，主要分布在西南和台湾地区。大戟科属于双子叶生的植物，种类丰富，包括乔木、灌木、草本，植株会流出乳白色的汁液，变稀时为淡红色。大戟科植物的用途很广泛，有些可以食用，有些具有药用价值，还有一些可以作为观赏植物种植。叶片多为单叶，稀为复叶，互生、对生或者轮生的很少，大戟科中常见的为大戟属、红雀珊瑚属等。

　　大戟属在世界各地均有分布，主要集中在温带和亚热带地区，多年生草本或灌木状丛生，体内具有乳状的汁液，根呈纤维状或圆柱状，有不规则的块根，叶多为互生或对生。

　　红雀珊瑚属主要分布在热带美洲，是一种肉质的小灌木植物，茎肉质，绿色，体内含有有毒的白色乳汁，叶片较硬，呈卵状，互生，夏季开红色或紫色花朵，因树形似珊瑚而得名。

琉璃晃

布纹球

将军阁

仙人掌科

仙人掌科主要分布在美洲热带干旱及亚热带沙漠地区，大多为多年生草本植物，一部分是小灌木或者乔木状植物，呈球体、柱体及扁平状，茎肥厚且多肉，外表大量的毛刺和退化的叶有利于减少水分流失。这类植物有的白天开花，有的夜间开花，白天开的花大多颜色艳丽，而夜间开的花颜色较为洁白，并且带有芳香。在仙人掌科中常见的有仙人掌属、子孙球属、仙人球属等。

仙人掌属属于肉质植物，根茎多由扁平形、圆柱形或者球形的小节组成，叶片较小，表皮生有锐利的尖刺，茎节的顶部会长出十分艳丽的花朵，颜色多为黄色或者红色，果实多为可食用的浆果，这些浆果可以用来酿酒或者制作成果干，黏稠的汁液还可以用来作为清洁水质的净化剂。

子孙球属的植株矮小，基部很容易分生子球，是一种大型的群生体植物。外形多为球体，表面附有灰白色、细小的短刺，花型较小，大多从漏斗状的球体一侧生出，花色较为艳丽，而且会结出红色的果实。

仙人球属是多年生的肉质草本植物，茎大多为球形或者椭圆形，球体上还有很多的纵棱和密集的针刺。它一般会在清晨或者傍晚开花，花朵为银白色或粉红色，十分美丽、雅致，尤其适合作为盆栽放在电脑桌旁。

花盛球

绯牡丹

玉翁

菊科

　　菊科多为多年生草本植物，也有一部分属于灌木植物，花有两性，极少有雌雄异株。菊科植物大概有 1300 个属，除南极外，在全球范围内都有分布，但热带地区较为稀少。叶片多为互生，稀为对生或轮生，没有托叶，花为管状或舌状，呈辐射状分布。菊科植物中常见的有千里光属、厚敦菊属等。

　　千里光属有很多的种类，大约有 1200 种，我国约有 160 种，在各地均有分布，有草本、亚灌木和灌木植物三种类型。叶子多为互生，也有基生，花的颜色多样，通常具有异型花，舌状花较为结实，千里光属中有的植物还有药用价值。对于广大多肉植物爱好者来说，千里光属的多肉植物极受欢迎，代表植物有珍珠吊兰、蓝松等。

　　厚敦菊属植物外形多样，集中分布在南非和纳米比亚，有瓶形、灌木形、树干形的茎秆，和地上型、地下型两种块根。叶片略微带有肉质，少量品种的叶片会高度肉质化，大多数种类的叶片近圆形，花色一般为黄色。种植的时候要有充足的光照和水分。

紫玄月

京童子

珍珠吊兰

马齿苋科

马齿苋科是一年生或多年生草本植物，主要分布在温带和热带地区，尤其耐旱，有很旺盛的生命力，在河岸边、山坡草地等地方都可见其身影，分枝较多，一般呈淡紫红色，叶片多为互生，呈倒卵形，能够开出黄色、白色或粉红色的花。它的茎有很好的储水功能，并且再生能力很强，对生长环境没有太高的要求，几乎在任何土壤中都可以生长，有些品种还可以入药。在马齿苋科中常见的有马齿苋属、回欢草属等。

马齿苋属多生长在热带和亚热带地区，是一年生肉质草本植物，植株大多平卧或斜长在土中。它的适应能力很强，既耐热又耐旱，有很好的储存水分的作用，对光照的要求也不高。叶片呈圆柱状或扁平状，互生或在茎部轮生或对生。可入药，有清热解毒的功效。

回欢草属是一种矮小的匍匐性多肉植物，叶片小且具有绚丽的色彩，有托叶。春秋季是其生长季节，冬季可以养在室内，但需要有充足的光照。花期极为短暂，有时只开一个小时。

金枝玉叶

雅乐之舞

金钱木

多肉植物的购买及处理方法

养多肉，首先就要购买多肉，那么，去哪儿买呢？购买多肉的不同途径各有什么优缺点？将多肉买回家后要怎么处理呢？种好多肉后需要浇水吗？下面就将为你一一解答。

怎样购买多肉植物

购买多肉植物主要有两种途径，一是去花市、花圃、集市或花店等处购买。二是通过网络进行购买，即网购，二者各有优缺点。其中，第一种途径的优点是比较放心。因为自己到这些地方去买，可以仔细挑选，质量较有保证，且可以砍价，但这种途径对于追求特别品种的肉友来说则较为限制。网购的最大优点就是能买到较为稀缺的多肉品种，且省时省力。但网购多肉的缺点也显而易见，例如网购的多肉可能会在运输过程中受到损伤，影响其成活率。因此，肉友们可以根据自身情况和意愿选择购买多肉的途径。

知道了购买多肉的途径，那么，购买多肉的时间有没有限制呢？一般来说，在春、秋两季购买多肉最为适宜。因为夏季气温过高，大部分多肉都会进入休眠期，买回来的多肉较难养护。而冬季由于温度过低，也有很大一部分多肉进入休眠期。如果是新手，处理不好浇水或日照的情况，多肉就可能会出现冻伤的现象，不利于多肉的生长。

除此之外，购买多肉时，要尽量选择那些植株旺盛、叶片厚实、根系发达、没有病虫害的植株。新买回来的多肉可能会出现掉叶等现象，这主要是在运输过程中受到细微损伤所致，不用太过担心，只要后期养护好，一两周后就会慢慢恢复。

　　首先是将多肉自带的土壤去掉。这是因为原来的土壤大多没有营养，且可能带有害虫或虫卵，如不丢掉，会影响多肉的健康生长。接着就可以着手清理根系了，将多肉的老根全部清理干净，否则易使盆土结块，且多肉的老根吸收营养的功能较差，不能更好地促进多肉的生长。在这个过程中不用太担心损伤多肉的根系，因为多肉根系的生长速度很快，大约一周时间就可以长出新的根系。

　　此外，新买回来的多肉的枯叶也要清理掉，以免其掉落堆积引发霉菌，或是滋生虫卵。还要检查多肉植株上是否有虫子，如介壳虫。有的话要马上清理干净，否则可能会传染给其他植株。

　　清理完之后要将多肉植物放在多菌灵稀释液里清洗一下，这样做一是可以防治其携带的害虫，二是因为有些霉菌粘在叶片背面或根系上，如不对整棵植株进行清洗，就会增加多肉患病虫害的概率。清洗好的多肉不要马上栽植，一定要先将其晾干，因为不晾干会增加枝株后期生病的概率。晾干的时间以 2 ~ 3 天为准，且注意要将多肉放在通风良好、温暖干燥的地方，避免阳光直射。

　　晾干后的多肉就可以入盆栽植了。那种好的多肉要不要浇水呢？要不要浇水是以土壤的干湿程度来决定的。如果新种多肉的土壤较为湿润，则可以一周之后再浇水。一定要避免多肉的土壤过分干燥，否则不利于其长出新的根系，或是导致新长出的根系死亡。可以少量浇水，或是采用喷水方式保持多肉土壤湿润。

种植多肉植物所需的工具

　　栽培造型迷你、可爱的多肉植物并没有想象中困难,所需的工具其实也并不多,都是一些很常见的工具。建议在种植多肉前对这些简易的工具做一些了解,从而保证在正式种植的时候能够熟练运用这些工具,以达到预期的效果。

填土器
　　种植多肉植物或者为多肉植物换盆时用来填土的器皿,也可以用其为种好的多肉植物铺入颗粒介质。填土器一般情况下是塑料制品。

小铲子
　　多用来调配多肉植物的用土,或者是在多肉植物换盆时用以辅助脱盆,还可以用其铲土以及整理花盆等。因为多肉植物的花盆一般较小巧,所以小铲子大多很迷你。

剪刀
　　多用来修剪多肉植物的株型,或者是扦插时用来剪掉多肉植物的枝条,还可以用其修剪多肉植物的根系。

镊子
　　种植多肉植物时用其夹住多肉的根部,能够更加方便快捷,也可以利用镊子清理多肉植物叶片上的土壤颗粒等,还可以用其清理虫卵。镊子一般有圆头和尖头两种。

喷水壶
　　多用于给多肉植物浇水或者将水喷洒在多肉植物的周围,以增加空气湿度,也可以用来给多肉植物喷药或者施肥。

浇水壶
　　为了防止一次性浇水量太大,造成积水伤害多肉植物的根部,同时也为了避免将水浇在多肉的叶片上导致叶片腐烂,建议使用挤压式浇水壶。

涂胶网格布

按需要剪裁成不同的尺寸，可用来遮挡多肉植物，从而预防飞虫及鸟类对多肉植物的侵害，也可以将其垫在花盆底部的透气孔处，防止土壤漏出。

签字笔

便于记录多肉植物生长过程中的各种特点和出现的各种问题，如变色的原因、为什么会徒长、有哪些病虫害等，为增加多肉植物的成活率打基础。

橡胶洗耳球

是一种以橡胶为材质的工具，下部为球形，上部为管状，挤压球部，就会有风出来，多用来清除多肉植物上的灰尘。

毛刷

主要是用来清理多肉植物表面的浮尘、土壤颗粒及虫卵等，注意不能用于叶表带霜的多肉植物。也可以用软毛牙刷或者毛笔代替。

竹签

主要是用来测试多肉植物盆土的湿度。具体方法是，将竹签插入种有多肉植物的盆土中，拔出时如果没有盆土被带出来，就说明盆土略干燥，可以浇水了。

刀片

分株和枝插是多肉植物较为常见的两种繁殖方法，这时就可以利用刀片将多肉较为健壮的枝条切下来了，既方便，又可以避免伤害到多肉的植株。

手套

橡胶手套：可防水和抗侵蚀，适合在施肥或浇水时使用。

工作手套：一般的线织手套，适合日常养护时使用。

皮手套：质地厚，抗磨损，可在修剪有刺的多肉植物时使用，能够起到很好的保护作用。

多肉植物的土壤和颗粒介质

多肉植物的生命力很顽强，它们一般生长在热带荒漠地区，那里大多是砾石和粗砂，土壤和有机质较少。我们在种植多肉植物时，配置介质应和多肉的原生态环境接近。适合种植多肉的介质和土壤，多具有疏松透气、排水良好、无菌无虫、有一定的团粒结构等特点，还要能提供植物生长所需要的养分。

营养土

营养土是为了满足植物的生长发育而专门配制的土壤，具有疏松透气、保肥保水能力强、养分充足等特点。此外，营养土比较干净，既无异味，也不含病原菌及各种杂草的种子，特别适合用来做盆栽植物的土壤。

腐殖土

腐殖土是森林中表土层树木的枯枝败叶在长期腐烂发酵以后而形成的，适合用于盆栽。腐殖土不但透气性能好，能够满足植物根系生长需要，而且具有较好的保水保肥能力。

泥炭土

泥炭土又称泥炭、泥煤、黑土、草炭，多为棕黄色或浅褐色。泥炭土含有大量的有机质，疏松，透气、透水性能好，保水、保肥能力强，不含病害孢子和虫卵，是比较优良的盆栽花卉用土。泥炭土可单独用于盆栽，也可以和珍珠岩、蛭石、河沙、椰糠等配合使用。在目前园艺事业发达的国家，花卉栽培尤其在育苗和盆栽花卉中一般以泥炭土作为主要的盆栽基质。

园土

园土又称菜园土或田园土，是经耕作并栽培过花木、蔬菜的土壤，比较常见，是配制培养土的主要原料之一，富含腐殖质，肥力比较高，团粒结构好，但干时容易板结，透水透气性差，不宜单独使用。

赤玉土

赤玉土是高通透性的火山泥，黄色，圆状颗粒，没有有害的细菌，其形状有助于蓄水和排水。赤玉土是运用很广泛的一种土壤介质，目前在日本运用广泛，一般和其他物质混合的百分比是30%～35%。中粒的赤玉土适用于各种植物盆栽，特别是对仙人掌等多肉植物的栽培有特效；细粒大多会和其他介质如鹿沼土、腐叶土等混合使用。

河沙

河沙又称素沙，是河流中干净的沙，有良好的透水性。建筑工地的沙子也可以作为栽培介质，不过工地上的沙子多为海沙，可以将它们放入水中浸泡，去掉碱性后再使用。

鹿沼土

鹿沼土是一种产于鹿沼火山区的罕见酸性物质，由下层火山土生成，以火山沙的形式呈现，通透性、蓄水力和透气性较高。鹿沼土有很多孔眼，尺寸不太一致，不仅可以单独使用，也可以和泥炭土、腐殖土、赤玉土等介质混用使用，尤其适合忌湿、耐瘠薄的植物，主要用于盆景、高山花卉等。

椰糠

椰糠也称椰纤，椰子外壳纤维的粉末，是椰子外壳纤维在加工时脱落下的一种纯天然的有机质媒介，可以无土栽培花卉和经济型植物产品。将椰糠露天放置，经过日晒、雨淋处理后，能降低它的含盐度和传导性。椰糠的保水性和透气性很好，比较适合栽培植物，使用椰糠栽培植物以后，植物的根系生长会非常快，长年使用也能保持原有的土壤结构不变。

园艺用蛭石

园艺用蛭石是经过特制加工而成的膨胀蛭石，它能增加介质的透气性和保水性。由于它们容易破碎，使用一段时间后，容易变得致密，从而失去透气性和保水性，所以应该选择较粗的薄片状的蛭石作为播种介质和覆盖物。同时也可以将其和珍珠岩、泥炭土等混合后使用。

珍珠岩

珍珠岩是一种火山喷发的酸性熔岩经过急剧冷却后形成的玻璃质岩石，有珍珠裂隙结构。珍珠岩自身性质稳定，保水、保肥的能力较强，可用来作盆栽混合物和土壤改良，能调节土壤板结。

陶粒

陶粒有良好的透气性，可节约水肥，便于人们清洁卫生、搬运和消毒。同时陶粒无土栽培不受地域、空间限制，可用于植物、蔬菜、苗床、花圃、大棚花卉和屋顶花园的栽培基质。

种植多肉植物除了可以利用以上介绍的土壤和颗粒介质外，还可根据具体需要选择水苔、煤渣、日向石、桐生砂、植金石等栽培介质。

多肉植物用盆的选择

颜色艳丽、造型优美的肉肉们，怎能没有一款与之相得益彰的花盆呢？选择合适的花盆不仅能提升多肉的观赏价值，还可以让其长得更加美丽多姿。

塑料花盆

塑料花盆在园艺中的使用非常广泛。其优点主要有价格低廉、盆体轻巧、型号多样等。肉友们可以根据居家空间位置来选择不同颜色、不同型号的塑料花盆，既可以节省空间，又可以摆出自己想要的造型。虽然塑料花盆的透气性不是特别好，但因为其材质较薄，水分挥发也相对较快。另一方面，塑料花盆保水性较好，很适合用于多肉小苗的栽培。

需要注意的是市场上有一些仿石材的塑料花盆，这些花盆虽然造型、颜色都非常漂亮，但由于在其制作过程中加入了各种胶，所以有一定的毒性。如果将多肉种进这样的花盆，过不多久就会慢慢枯萎直至死亡。因此，在挑选塑料花盆时，一定要仔细鉴别，防止买到这种"毒花盆"。

陶瓷花盆

　　陶瓷花盆是目前园艺中使用最多的花盆种类，具有色彩美丽、形状多变、价格适中等优点。陶瓷花盆的保水性非常好，能够促进生长期的多肉健康生长，加快其生长速度。色彩绚丽的陶瓷花器搭配姿态各异的多肉能够大大提升视觉效果，摆放在书桌、窗台等处非常适宜。除此之外，由于陶瓷花盆光滑的瓷面材质比较容易清理，即使用的时间较长，只要注意清理，也很少会留下污渍，因此也深受广大肉友喜爱。

　　陶瓷花盆最大的缺点就是其透气性较差。尤其是在闷热的夏季，用陶瓷花盆栽植的多肉如果浇水过多，就可能会因土壤闷热潮湿而被闷死或发生烂根。因此，用陶瓷花盆栽植的多肉在夏季养护时，就要注意控制浇水量，并将其放在通风良好的地方，且避免雨淋。此外，最好用有孔的陶瓷花盆。

陶类花盆

　　陶类花盆常见的主要有粗陶和红陶两种。其中粗陶的优点主要有形状多样、造型美观、透气性和保水性适中等优点。红陶花盆则特别适合新手使用，其优点有透气性良好、款式多样、颜色百搭。粗陶花盆一般较大，适合种植有老桩的多肉，摆放在庭院里非常漂亮，且粗陶花盆非常有利于多肉根系的生长。红陶超强的透气性可以使多肉避免发生积水烂根的现象，即使是在大多数多肉进入休眠的夏季，也不用担心浇水的问题。

　　陶类花盆也有其自身的缺点，其中最主要的缺点是价格昂贵。再者，粗陶花盆盆体重，不方便移动，考虑到安全因素，其摆放位置也有限制。而红陶良好的透气性也是其缺点之一，因为透气性太好，不利于水分的保持。此外，红陶花盆用的时间久了，在其外表会产生白色的盐碱渍，影响观赏效果。

铁质花盆

　　铁质花盆在多肉种植中不是特别常见，其优点主要有价格便宜、容易获得、造型多变等。一般售卖的铁质花盆都会在其表面刷一层防锈漆，这样既可以延缓其生锈时间，也可以增加美观度。此外，铁质花盆也可以自己制作，废弃的铁盒、铁丝等日常用品都可以用来制作铁质花盆。如果再与其他素材，如水苔、麻布、麻绳等搭配，创意感十足。

　　铁质花盆最明显的缺点就是容易生锈。即使其表面刷有防锈漆，时间一久也会慢慢生锈，从而影响其使用寿命和美观度。此外，铁质花盆在夏季还会吸收较多的热量，加上不易散热，所以可能会对多肉植株造成伤害。而且，铁锈容易使土壤酸化，不利于多肉的生长，还有可能滋生病菌，同样会妨害多肉植株。综上所述，在种植多肉植物时，虽然可以选择铁质花盆，但要特别注意养护方法，要经常查看多肉生长状况，及时发现问题，及时解决问题。

木质花盆

　　木质花盆因其材质和外观独特，因而具有特殊的韵味，拥有透气性良好、价格便宜等优点，同时人们还可以利用现有素材，进行 DIY 创作。比如利用家里的旧木箱、废弃的木盒等稍加改造，就可以拥有一款让自己满意的花盆了。木质花盆一般较大，适合摆放在庭院、阳台等处，园艺气息浓厚。若是经过特殊处理而成的小型木雕盆等则可以放在室内，装饰作用很好。

　　但木质花盆也有一个非常明显的缺点，就是容易腐烂。如果是放在户外使用，一般一年左右就会被腐蚀，若通风不好，还会发霉。即使在制作时给木质花盆表面刷上桐油与清漆等，时间久了，也会慢慢被腐蚀。这也是木制花盆不太适合放在室内的原因。

藤类花盆

　　藤类花盆在园艺中的使用相对较少，其优点主要有透气性好、价格适中、款式多样、装饰性强等。藤类花盆大多较大，比较适合用于户外。在藤类花盆中种上不同颜色、株型各异的多肉，可以营造出不同的多肉造景，摆放在庭院，或悬挂于高处，都能得到特别棒的观赏效果。由于藤类花盆一般空隙较大，如果是直接放入土壤，容易掉落，不利于多肉的生长，因此需要先在其表面铺一层透气性较好的布料如麻布等，再覆盖土壤。

　　藤类花盆的缺点与木质花盆类似，即使用寿命相对较短。虽然藤类花盆的抗腐蚀性比木质花盆要强，但基本上使用一两年后就只能废弃不用了。

玻璃花盆

在多肉植物的栽植花器中，玻璃花盆的使用相对较少，一般情况下，玻璃花盆更适合用来水培多肉植物。其优点主要有精巧可爱、造型漂亮、容易获得，且用其水培多肉植物，可以很清楚地观察到多肉植物的生长状态，如水位是否适合，根系生长情况是否良好等，以便随时做出养护调整，从而更有利于多肉植物的生长，大大提升视觉效果。

玻璃花盆也存在一些缺点，如果是用其水培多肉植物，把握不好水位，容易造成多肉植物死亡。同时由于玻璃底部没有透气孔，再加上若不添加防水层，很容易使多肉植物根系腐烂，从而使养护变得相对困难。

创意花盆

　　创意花盆是指将日常生活中的物品直接当作花盆使用，或是将其稍加改造，然后用来种植多肉植物。创意花盆的优点主要有创新性强、造型新奇、视觉效果好等。美丽的贝壳、海螺，相对完整的鸡蛋壳，各种饮料瓶、易拉罐，不穿的鞋子，各种废弃的纸箱、布袋等，都可以作为创意花盆的素材。

　　当然创意花盆也有一定的缺点，这些缺点因材料的不同各有不同，其总的缺点是操作起来相对困难，对所栽植的多肉植物也有一定的限制性。

23

多肉植物常见术语

对于刚接触多肉植物的"肉友"来说，可能会对一些跟多肉植物相关的术语不太明白，而了解这些术语对养好多肉植物可以起到很大的作用。

露养

指将植株放在室外露天的环境中养护，任由其自然生长的方式。这是一种养护多肉植物、使得植物获得上佳品相的首选栽培方式，但在雨季、夏天、寒冬时节露养需谨慎。比较常见的适合露养的多肉植物有黑法师、玉蝶等。

闷养

指利用塑料罩、覆膜、塑料袋等材料人为地为植物营造一种具有相对湿度、无菌、透明密闭的温室环境，以保证其在冬季温度过低时能够正常生长的养护方式。百合科的玉露、寿等多肉植物经常使用闷养的方式过冬。

全日照

指植株在露天环境中整日接受阳光直射。但要注意，夏季在通风不良的环境中尽量避免全日照，以防过于闷热造成植株死亡。另外，夏季阳光过于强烈，这也是尽量不要全日照的原因之一。追求全日照往往是在春天、冬天和深秋，这时候日照越多，肉肉往往越美。

半日照

指植株在一天之中有一半的时间接受了日照。

少日照

指在一天之中，只有很短的一段时间接受日照。例如十二卷在夏季的时候，或者多肉缓苗时，都只能是少日照。

明亮散光处

指没有直射光，但环境很明亮。一般适合度夏困难的多肉，如小红衣；或者适用于多肉缓苗、播种时期。

徒长

指植株在光照不足、光线偏暗、浇水过多的情况下，茎叶疯狂伸长，叶间距离拉大的现象。已经徒长的多肉植物，基本没可能再变回去，不过可以等春秋生长期时，将其砍头晾干伤口后进行枝插。

缀化

又叫带化、扁化或冠，是植株形态的一种变异现象，是指某些多肉植物受到不明原因的外界刺激，比如浇水、日照、温度、药物、气候突变等因素，长成扁平的扇形或鸡冠形带状体。例如白牡丹就是很容易缀化的多肉。

休眠

指植株处于自然生长停滞状态，还伴随出现落叶和地上部分死亡的现象。休眠多发生在夏季和冬季。

群生

指茎秆多分枝或子球密集，共同生长在一起。很多多肉品种种植时间久了都会出现群生现象，其中以长生草属最为典型。

出锦

是由于植株缺失绿色素而引起的一种疾病，会使其基因突变或者重组，导致其他色素相对活跃，使茎、叶部表面出现黄、白、红、紫等色或色斑，容易出锦的多肉有火祭、虹之玉等。

单生

指植株不产生分枝和子球，茎秆单独生长，翁柱、金琥就是典型的单生多肉植物。

窗

指植物叶子顶端透明或半透明的部分，光透过该部分照到叶片内部进行光合作用。玉露、寿、玉扇等多肉叶片上都有窗。

花箭

由植株主枝中间或叶芽顶端附近伸长出来的花茎部分，多为景天科多肉植物的开花方式。

气根

指由地上茎长出的、暴露在空气中的根。一些多肉本身就有长气根的习惯，其中最典型的是玉吊钟、艳日辉，它们会在春季长出气根，然后扎进土壤里变成正常根系。

老桩

指生长多年后枝干已经木质化的植株。长出老桩的多肉通常有很好的观赏性，如小人祭、金钱木等。

晾根

指植物根部修剪后，将其放在阴凉通风处晾干伤口，以起到防腐烂的作用。此外，一些刚买回来或者需要换盆的多肉植物洗根后也要进行晾干，以便剔除明显不健康的根系。

化水

指在夏季极热、冬季极冷，或天气骤变又闷热潮湿的环境中，水分过多时叶片逐渐透明，直至消失的现象。

杂交

指将一种多肉的花粉涂抹到另一种多肉的柱头上，就可得到遗传父母某些特征的新品种。

第二章

多肉养护经验分享

光照、浇水、通风、温度、施肥、病虫害等是养护多肉时特别需要注意的，如不能满足其生长所需，多肉的生长就会受到阻碍，甚至死亡。而掌握修剪和繁殖方法才能更有利于多肉的生长，并慢慢壮大多肉队伍。

光照和温度

虽然不同的多肉植物对光照的要求不同，但大多数多肉植物每天都需要一定的光照时间，某些多肉植物还需要特别充足的光照才能生长得更加漂亮、健壮。而掌控好温度对多肉植物的生长也至关重要，甚至是其能否存活的关键。

光照

多肉植物属于喜光植物，大多数情况下都需要充足的光照。充足的光照会使多肉植物更加健康、漂亮，而光照不足会使多肉失去可爱、美丽的外形，但是过多、过强的光照又会晒伤它们。因此，有效地控制和利用光照是栽培多肉必须掌握的一门学问。

原生环境下的多肉植物每天接受光照的时间最少在 3～4 个小时，有的会达到 6～8 个小时，甚至更多。但是由于居住环境和条件的限制，在室内养护的多肉植物就达不到这么长时间的光照，因此相较于在室外养护的多肉植物要差一些。但是这并不代表不可以在室内养护多肉，只要有 2 个小时的光照，哪怕是在室内，也能使它们保持美丽的外表。

充足的光照会使多肉植物的茎秆生长得更加健壮，叶片会更加肥厚、饱满，充满光泽，花朵也会更加艳丽夺目，并且不容易生害虫。相反，光照不充足往往会使多肉植物失去光泽，茎秆变得透软，生长畸形，出现徒长的现象，叶片和枝干之间的距离拉长，甚至会影响多肉植物开花，还会出现落蕾落花的现象，甚至有的直接死亡，但这种情况较少，一般是抵抗力变弱，无法对抗霉菌而腐坏。尤其是在春秋时节，天气温暖而湿润，更要增加多肉植物的光照时间。

虽然光照对于多肉植物来说很重要，但是也要注意不能让多肉植物直接暴晒在阳光下，尤其是春秋季特别容易出现晒伤。很多人认为，光照越是充足、强烈，多肉植物长得越好，因此常常会把刚适应了室内环境的多肉植物搬到室外阳光下暴晒，但是有时太过强烈的阳光会直接把多肉植物晒干，所以，在阳光强烈的夏季为多肉植物做一些防晒的措施是很有必要的，尤其是那些对高温比较敏感的多肉。例如，可以为多肉植物覆上一层防晒网或者将多肉植物放在玻璃、窗帘后，以隔绝紫外线。

温度

温度的高低不仅会影响多肉植物的生长状态，甚至还会影响多肉植物的生存。适宜的温度对于多肉植物的生长来说是非常重要的，可以使它们在健康生长的同时变得更加迷人、可爱。

通常情况下多肉的生长适宜温度在 10 ~ 30℃，在冬季温度过低时，多肉植物会进入休眠的状态。当温度低于 0℃ 的时候多肉植物就可能出现冻伤，因为多肉植物的茎、叶中含有大量的水分，当温度过低的时候植物内部会逐渐结冰，所以这时候要停止浇水。若是继续浇水的话，无法挥发的水分会和土壤一起结冰，造成植物根系的冻伤，从而破坏植物的恢复机能。因此，冬季温度过低时要把多肉植物移到室内，若是担心在室内缺乏光照，可以将多肉放在阳光能照射到的封闭阳台上，并且要注意保持良好的通风。但是若想让多肉保持美丽的形态，仅仅保持良好的通风是不够的，适当让多肉植物进入低温的状态是保持其亮丽色彩和形态的一种方法。所谓的低温状态就是让温度保持在 5 ~ 10℃，但是记住一定要高于 0℃，只要把多肉置于这样的恒温中，即使每天只有 1 个小时的光照，多肉植物也会美丽如初。

多肉植物中也有一些是非常抗冻的品种，如景天属和长生草属的多肉，它们能抵抗的最低温度在 −15℃。其中，景天属中的薄雪万年草、垂盆草等在国内是很常见的品种，而且经常被用来作为绿化园林的植物。在冬季温度过低的时候，景天属中的这些植物地表的叶片会死亡，但是到了下一年春天的时候，从地下长出的根茎会长出新芽。长生草属的多肉原本就生长在温度很低的高山之上，所以非常抗寒。

在夏季温度超过 35℃时，一大部分的多肉植物就会进入休眠状态。"黑法师"在夏季的时候就会出现很明显的休眠迹象，从它的生长状态就可以看出来。主要表现在温度过高的时候，它的叶子会卷成玫瑰状，而且最底部的叶子也会干枯脱落。过高的温度会使多肉植物的根系停止吸收水分，整体的生长状态会变得很差，这个时候就要停止浇水，因为浇再多的水多肉也吸收不了，反而会因为温度过高，使花盆内的水快速蒸发，形成高温环境，从而破坏整个植株的情况，致使多肉腐烂。所以，夏季的时候要对多肉植物做一些遮阳的工作，尤其是那些对高温特别敏感的多肉植物，一定要将其移至阴凉干爽的地方养护。

浇水和通风

多肉植物的浇水是养护多肉植物时较为困难的一件事，即使是有一定经验的多肉植物玩家有时也拿捏不准不同多肉植物的浇水量。而多肉植物的通风相对来说较为简单，只要保持良好的通风条件就可以了。

浇水

多肉植物大多数生长在干旱的环境中，太湿润的环境不利于它们生长，但是有时候太干燥的环境对它们的生长也不利，所以要根据多肉植物的生长情况和特性适当浇水。

什么时候该给多肉们浇水呢？一般情况下，在需要浇水的时候多肉植物会发出缺水的信号，那些生活在干旱、高山地区的多肉具有很好的储存水分的功能，在非常缺水的时候会消耗自身叶片中的水以供所需，这时候底部的叶片会渐渐干枯掉。有些多肉在缺水的时候会起褶皱，还有的叶片会变得柔软，这些情况都表明它们需要浇水了。一般出现上述情况，只要浇过水，第二天或第三天多肉们就会恢复，若是没有恢复，那就说明植物的根系坏了。浇水的时候可以遵循干透浇透的原则。

浇水多少与怎么浇都是栽培多肉植物所必须注意的问题。种植在北方的多肉植物和种植在南方的多肉植物在浇水上也有差别。我国大部分地区冬季相对比较干旱，并且温度较低温差也大，所以在浇水的时候要严格控制水量，否则很容易出现多肉植物冻害甚至冻死的现象。但是一般北方的冬天室内都有暖气，在这种情况下多肉植物还是会生长的，因此，要根据实际的情况浇水。而天气变化对多肉植物的浇水也有影响，一般情况下，在温度升高的时候，要多浇水，在温度低的时候要少浇水。若是遇到阴雨天的时候一般是不需要浇水的，因为这时候多肉植物水分蒸发比较少。在深秋天气干燥的时候，除了要适量浇水之外，还要在空气中适当喷水以增加空气的湿度。

夏季清晨、冬季晴天午前、春秋季早晚适宜浇水，生长旺盛时可以多浇水，生长缓慢时少浇水，在休眠期甚至可以不浇水，而浇水的温度也要适宜，既不能太高，也不能太低，最好以接近室温为佳。浇水的时候最好沿着花盆的边缘浇入，以免浇到叶片上。浇水时如果不小心弄湿叶片的话，一定要及时将水珠擦掉或者用纸巾吸掉，以免经过阳光的照射将叶片晒伤。

不同材质的花盆对多肉植物的浇水量和次数也有不同的要求。陶类花盆因为透气性好，特别适合栽培多肉植物，不会因为浇水过多而出现涝死的现象。但是也由于这个原因加上底部不保水，导致水会过快挥发，从而减缓了多肉植物生长的速度。尤其到了夏季，水分挥发得更快，因此需要经常浇水，以保持土壤的湿润。而塑料花盆、陶瓷花盆、铁质花盆等因为透气性没有陶盆好，所以浇水量不宜太多，间隔可以适当长一些，而栽培在这些花盆中的多肉植物一般也不需要像陶类花盆中那些需要精心管理。如果用的是没有孔的盆器，那么一定不要浇太多的水，因多肉植物本身不需要太多的水，加之无孔盆器中的水不易排出，所以一定要控制浇水量。

植株的大小也与浇水量有关。刚种好的多肉因为根系少且不发达，在新的环境中适应力比较弱，吸水能力不强，因此浇水量不需要太多。而经过多年生长的多肉植物，相对来说比较健壮，根系发达，在连续晴天的天气下可2～3天浇一次水。

通风

通风指的是空气流通情况，良好的通风对于多肉植物来说非常重要，它可以让多肉植物生长得更好、更漂亮，并且还可以预防病虫害。所以在室内栽培的多肉植物要经常开窗增加空气的流通，以减少霉菌、白粉病等疾病的发生，尤其是像火祭这样的多肉植物在通风条件不好的状态下很容易发生病变。

露养不仅可以使多肉植物接受更加充足的光照，促进水分更好地挥发，而且还可以达到更好的通风效果，尤其是在炎热的夏季，大部分多肉植物都进入了休眠期，需要良好的通风环境才能度过漫长的夏季。但是也并不是所有的多肉植物都适合露养，肉友们要根据地域、温度、天气等条件来判断是否适合露养。如在北方地区冬季温度太低的时候，就必须把多肉搬回到室内以避免冻伤。而南方地区由于梅雨季，闷湿的时候比较多，通风条件差，所以就不适合露养。若是要露养的话，就要事先做好防御措施，不然遇到连绵阴雨的天气就会出现多肉涝死的情况。在云南、广东、江浙一带比较适合露养多肉植物，这些地区不仅阳光、温度等条件适宜，而且通风效果良好。

但是还是要注意一定的问题，因为这些沿海地区可能会因为天气突变出现强烈的台风现象，甚至还可能出现大雨后的烈日晴天，这对多肉植物都是很不利的情况。所以，露养的多肉植物一定要做好防雨和防晒的措施，避免由于过多的雨水导致腐烂和过强的烈日造成灼伤。

施肥

虽然很多肉植物的原生环境都是土壤贫瘠、干旱少雨的热带沙漠或半沙漠地区，但它们在生长过程中同样需要养分，而在贫瘠的环境中，它们就会生长缓慢，植株的颜色变得暗淡，影响其观赏性。

肥料的作用

植物生长必须的 3 个要素是氮、磷、钾。氮元素主要集中在植物的枝叶上，是构成植物蛋白质和叶绿素的重要成分，缺乏氮元素会导致叶绿素不足，从而影响光合作用，使得叶片发黄干枯。通过补充氮肥，可促进植物枝叶的生长，使植株枝繁叶茂。

磷元素主要集中在植物的生殖器官上，也就是花和果实。通过补充磷肥，可以促进根、茎的发育和开花结果，缺乏磷元素会造成植株不能开花或开花较少。

钾元素主要集中在植物的根茎组织上，补充钾肥可以促进植物的光合作用，让植物的茎秆变粗壮，根系变发达，增加抗倒伏和抵御外界侵袭的能力。

如何施肥

多肉植物的生长速度不太快，所以对氮肥的需求量不大，而肉质的茎和叶片肥厚充实，所需要的磷钾肥稍多些，在施肥时应做到"低氮高磷钾"。此外，还可以适量增施钙元素，而对于强刺类仙人球，则可增施一些铜元素，以促进刺的发育。钙、镁、铁等也是植物生长中必不可少的元素。

多肉植物的施肥可分为基肥和追肥两种。基肥多在栽种时便掺入土壤中，常用的基肥有草木灰、骨粉和腐熟的禽畜粪等。缓释肥、有机肥等可以埋进土里或放在土表，液肥则需要在叶面喷洒或浇根。很多品种的多肉植物喜欢含有一些石灰质的土壤，所以可在土壤中加入适量蛋壳粉、骨粉等石灰质材料。

对于仙人掌属、乳突球属、仙人球属等强刺属多肉植物品种，在生长季按"薄肥勤施"的原则进行追肥即可。对于岩牡丹属、花笼、帝冠等生长极其缓慢的品种以及生石花属的多肉植物，可以少施肥。

多肉植物开花时也应追肥。花期施肥是从花剑冒头开始的，半月追肥 1 次，连同浇水一起进行。花期肥以磷肥、钾肥为主，最好以液态的形式施用。

病虫害及其防治

　　多肉植物病虫害的防治应以预防为主。首先要保持栽培环境的整洁，对外来的多肉植物要仔细检查；在初冬、早春、梅雨前这 3 个时期集中喷药，效果较好；还可以对培养土进行消毒。在使用杀菌剂和杀虫剂时，应对症下药，严格按使用说明调整药剂的浓度，避免产生药害。

常见病害及防治方法

赤霉病

　　赤霉病是一种细菌性病害，也是多肉植物的主要病害。赤霉病多危害有块茎类的多肉植物，会从根部的伤口侵入，进而导致块茎出现赤褐色的病斑。

　　防治方法： 植株在盆栽前可用 70% 托布津可湿性粉剂 1000 倍液喷洒预防，晾干以后再涂上硫黄粉进行消毒。

黑腐病

　　黑腐病一般是由于养护环境过于潮湿或浇水过多而引起的真菌感染。

　　防治方法： 发生黑腐病后，首先应将植株被感染的部分切除，等伤口彻底干燥后再塞入硫黄和碎木炭，然后将土壤进行杀菌消毒或直接换掉。

炭疽病

　　炭疽病属真菌性病害，一般发生在严热潮湿的季节，是危害多肉植物的重要病害之一。氮肥施用过量也会引起该病害。发病初期叶片出现褐色的小斑块，慢慢扩展成为圆形或椭圆形，随后出现斑块的部位逐渐干枯、萎缩，不及时处理会危害到整株。

　　防治方法： 经常开窗通风换气，降低室内空气温度和湿度。用 70% 甲基硫菌灵可湿性粉剂 1000 倍液喷洒，或用 70% 甲基托布津、60% 的炭疽福美、多菌灵等喷洒。

常见虫害及防治方法

红蜘蛛

红蜘蛛又叫棉红蜘蛛，主要危害萝藦科、大戟科、百合科等科的多肉植物，被危害的植物叶片会出现黄褐色的斑痕或变枯黄、脱落。

防治方法： 可以通过加大环境湿度来减少和避免红蜘蛛蔓延，然后用 40% 三氯杀螨醇1000 ～ 1500 倍液进行喷杀。

介壳虫

介壳虫一般会危害叶片排列紧密的龙舌兰属、十二卷属等多肉植物，它们会吸食茎叶的汁液，导致植株生长不良，严重时甚至会枯萎死亡，不过它们往往会在少数植株上集中，危害面积不大。

防治方法： 在培养土中加入适量的呋喃丹，可以起到预防的作用。介壳虫数量少时，可用镊子或毛刷除去，也可用速扑杀 800 ～ 1000 倍液进行喷杀。

粉虱

粉虱多发生在大戟科的彩云阁、玉麒麟、帝锦等灌木状多肉植物上，危害面积不大，它们吸食叶片的汁液，会造成叶片发黄、脱落，同时还会诱发煤污病。

防治方法： 改善通风环境，可有效预防。虫害初期可用 40% 氧化乐果乳油 1000 ～ 2000 倍液喷杀，或用马拉松 500 倍液、乐果混敌敌畏 1000 倍液进行喷杀，连用 2 天后，要使用强力水流对多肉植株进行喷刷清洗。

蚜虫

蚜虫较常见，一般会危害景天科、菊科的多肉植物，它们经常吸吮植株幼嫩部位的汁液，导致植株生长衰弱。此外，蚜虫的分泌物还会引来蚁类。

防治方法： 如果蚜虫数量较少，可进行人工捕杀，虫害初期可用 80% 敌敌畏乳油 1500 倍液进行喷杀。

修剪枝叶和根系

有些多肉植物的生长速度比较快，需要定期修剪，只有这样才能达到最佳生长状态，保持更好的观赏效果。另有一些多肉植物在栽培过程中需要修根，因为根系是否健康直接影响植株整体的生长状态。

对多肉植物的枝叶进行定期修剪不仅可以保持植株的外形美观，而且能够防止其过快生长，从而避免出现徒长现象。此外，修剪枝叶还能促使植株长出新的分枝，让多肉植物长得更加健壮、株形更加优美。修剪枝叶一般可在春季，也就是多肉植物的生长期进行。除了可以修剪枝叶外，还可以对多肉植物的茎秆进行修剪，以达到对多肉植物进行人为造型的目的。

修理多肉植物根系的好处是可以检查根系的生长情况，及时清除烂根、虫卵等。例如，仙人球在养护过程中可能会因为浇水太多而导致根部腐烂，这时就需要将腐烂的根系剪掉，然后再换上新盆土。有些多肉植物是在生长期或分株时修根，有些是在换盆时修根，再有就是在植株生病时修根。一般来说，给多肉植物修理根系的原则是留主根，去须根、烂根、老根。

修理根系时可按照以下步骤进行：轻轻敲打花盆，利用镊子等辅助工具将多肉植物慢慢脱离花盆；用手轻轻地将根部的土壤去掉，清理干净；用剪刀将所有的老根、病根、须根都剪掉；检查根系和叶片背面是否有虫卵，可用小刷子将其扫除；按1∶1000的比例稀释多菌灵溶液，然后将多肉放进溶液中浸泡；浸泡后用棉球等将多肉擦拭干净，放在通风良好的干燥处晾干，避免阳光直射。

徒长及其处理办法

　　造成多肉植物徒长的原因，一是光照不足，因为多肉植物一般喜欢温暖且光照充足的环境，如果缺少光照，植株就会变得细长，没有肉质感，出现叶片变薄、拉长，面积增大的现象。二是施肥和浇水过多，因为多肉植物肥水过多就会导致其茎秆生长旺盛，出现茎节拉长，疯狂生长的现象。

　　多肉植物徒长会影响其观赏性，想要预防多肉植物徒长，一是多晒太阳，二是控制浇水量和施肥量。如果确实不能保证光照，则应控制好浇水量。已经发生徒长现象的植物，基本没可能再变回去。对于这种情况，可对植株进行"砍头"，这是对付徒长比较有效的措施。"砍头"一般在春、秋季节多肉植物的生长期进行，具体操作可参考以下步骤。

　　首先将植株底部已经枯萎、发黄的叶片摘掉。注意摘的时候不能硬扯，要一手扶住植株，一手轻轻将其摘掉。

　　其次用剪刀将植株的头部剪掉。剪掉的头部要保留一部分枝干，方便后面的操作。

　　最后就可以将已经摘掉的，并且可以利用的叶片进行叶插（具体方法本书后面有详解），将剪掉的头部进行枝插。

　　至于被摘掉叶片和剪掉头部的老桩，可以不做处理，因为其已经去除了顶端优势，过不了多久，它的周围就会发出很多小芽，从而形成多头的状态。

休眠

多数多肉植物由于环境气候的因素，某一段时间生长会完全停滞，以消耗体内存留的养分生存，也就是出现所谓的"休眠"。另有一些品种在季节变换时生长缓慢，在通风良好和光照适合的情况下也只会少量生长，这是"半休眠"。多肉植物的休眠，是它们抵抗恶劣环境的一种方法。

处于休眠期的多肉植物并没有闲着，蒸腾作用仍在继续，所以水分供给不能停。它们的根部需要一定的湿度，不能完全保持干燥，否则根系会干死。一般情况下，休眠期保持土壤潮润，半休眠期可酌量浇水。另外，休眠期的植株应停止施肥。

植物进入休眠的第一个表现是停止生长，叶片很快变黄、脱落，莲座合拢。而有些多肉如番杏科多肉，其身体会全部缩进土壤中，长出一层类似纸的外皮，用以保护自己。

多肉植物休眠的种型可分为以下 3 种。

冬型种：

冬季冷凉季节生长，夏季高温时休眠的种类。冬季是我国北方大部分地区一年中最冷的季节，而一些多肉种类此时正处在旺盛生长期，如阿房宫、钟馗等。通常在有加温设备的环境下，这些植物都会生长旺盛，应保持生长环境的空气流通，防止温室内温度过高。对于冬型种的多肉来说，由于夏季温度较高，盆土会比冬天干得更快，需要更频繁地给水。一般来说，夏天可以每周浇两次。

夏型种：

夏季温暖时生长，冬季寒冷时休眠的种类。夏季是我国大部分地区一年中最炎热的季节，但是这样的高温却正适合仙人掌科的多肉生长，例如金琥、猩猩丸等。如果当地冬天较寒冷，屋里有暖气，土很快就会干透，可每周浇水一两次。如果当地气候温和，可每隔一周浇水一次。

中间型种：

夏季高温、冬季寒冷时都处于休眠或半休眠状态，春、秋季节生长的种类。春、秋季我国大部分地区的自然温度晚上一般在 8℃左右，而白天的温度在 15 ~ 20℃，正是景天科的红缘莲花掌、福娘及番杏科的多肉植物生长的季节。

变色和气根

多肉植物的变色是指其颜色会随季节或生长环境的改变而变化的特点，这也是多肉植物受到喜爱的很重要的一方面。多肉植物的气根是指其暴露于空气中的根，具有呼吸及吸收空气中水分的功能，还有一些可以起到支撑枝干的作用。

多肉植物的变色

引起多肉植物变色的原因有很多，有些是因为气候改变引起了植物内部的色素比例发生变化，有些是为了防止被动物吃掉而模仿原生地环境，有些则是自身生来就具有变色的功能，还有一些是施肥或喷洒农药等原因引起的。除了以上原因外，多肉植物变色的最主要因素是光照、温度、温差以及季节的变换。

利用光照的改变使多肉植物变色是见效最快，也是"肉友"们最常用的一种方法。具体方法是将一种长时间在室内养护的多肉植物移至光照充足的室外进行养护，一周左右就可以见到该种多肉植物的颜色发生变化，如火祭会变成火红色、黑法师会变成黑色、黄丽会变成黄色等。需要注意的是，黑法师在晒过后会出现落叶的现象，而十二卷属的多肉耐强光力较弱，因此要把握好不同植物的强光照射时间。

利用温度与温差促使多肉植物变色是指在秋末或冬季温度较低的情况下，将室内多肉植物移至室外，使其挨冻，几天后多肉的颜色就

会有变化。需要注意的是，这种使多肉挨冻的方法具有冒险性，要把握好度，避免冻伤多肉。另外，春季温差较大时，也可以将多肉从室内移至室外，不到一周的时间，就会看到多肉换上了一件美丽的新衣。

季节的变换对多肉植物变色的影响主要是指秋季。秋季由于空气能见度增加，光照强度相应增加，紫外线强度也增长到一年中的最高峰，而强紫外线是多肉植物变色的重要原因。这个季节在室外养护的多肉会慢慢地呈现出颜色的不同，在玻璃后或大棚内养护的多肉也会出现一些颜色的变化。

多肉植物的气根

多肉植物长出气根说明其生命力旺盛，尤其是新种多肉长出气根，是很好的征兆。除了新种的多肉会长出气根，一些多肉老株也会出现长气根的现象。这在一定程度上是空气湿度过大的信号。有些多肉植物对水分特别敏感，如果花盆里积水过多，就会导致其根系腐烂。而由于根系呼吸不到空气，就导致其长出气根来呼吸。如果是这种情况，就要赶快将多肉从花盆中取出，并对其根系进行修剪，去掉已经开始腐烂的根系，再种植到一个新的花盆中。另外，根系腐烂特别严重的多肉植物，只能利用剪枝的办法进行扦插了。判断长出气根的多肉植物是否是根系发生腐烂的方法主要是观察多肉的枝干和叶片是否出现褶皱，以及盆土是否有积水等。

多肉植物的气根还有一个很重要的作用，即支撑多肉枝干。因为多肉植物在生长多年后，其植株变得越来越大，同时，由于多肉的营养大部分都供给了叶片和新枝，造成主体枝干变得纤细，支撑力也相对较弱。因此，一些多肉植物就利用长出的气根来辅助支撑主体枝干。

除了以上两种情况，还有一些多肉植物特别喜欢长出气根，例如景天科景天属的肉肉们。这些气根不会妨碍多肉的生长，反而有利于其生长，因此不用将其剪掉。而且还可以利用多肉植物的气根，因为将带气根的一段剪下来进行扦插，会比无根扦插的多肉植物生长得更好。

缀化和锦

缀化和锦是多肉植物的生长变异现象，是人为不可控的，而当多肉植物出现了缀化和锦时，其身价就会飞速上涨。

缀化

缀化是花卉中常见的畸形变异现象，也称带化变异或鸡冠状变异。某些品种的多肉植物受到外界不明原因的刺激，如浇水、光照、温度、气候突变等，其顶端的生长锥就会异常分生、加倍，形成许多小的生长点，这些生长点横向发展连成线，从而长成扁平的扇形或鸡冠形带状体。缀化变异植株由于稀少，形态奇特，观赏价值更高，比原种更珍贵。

缀化的植株也经常会回归原本正常的生长模式。所以为了保持缀化的特征，需要规律地移除正常生长的部分，否则缀化容易消失。缀化的植株新名字一般是在原植株的名字后面加上缀化的字眼。缀化植株也能扦插繁殖，选取完全缀化的植株部分，剪下后插入土中即可生根，较容易保持缀化的特征。

锦

锦也被称为"锦斑"，是指植物体的茎部、叶片等个别部位的颜色发生改变，变成白色、黄色、红色等，锦斑后的植株颜色种类更多，更有观赏性，因此比较受欢迎，价格上也会高出原品种很多。多肉植物的锦斑变异也是较为常见的，浇水、光照、温度以及遗传等因素，都有可能造成多肉植物的锦斑。

一般多肉植物出锦可称"某某锦"，如虹之玉出锦称为"虹之玉锦"，玉蝶出锦称为"玉蝶锦"。此外，有些多肉植物出锦会有专属的名称，如火祭出锦可称为"火祭之光"，大和锦出锦可称为"大和之光"，紫珍珠出锦称为"彩虹"。

锦斑化后的多肉色彩更加艳丽，但这种状态不是永久性的，会由于各种因素再次变回普通的品种。而且由于部分叶片的颜色变为白色或黄色，使得叶绿素发生改变，植株从阳光中吸取的养分减少。因此锦斑化后的多肉植物，在生长速度和分株繁殖等各方面都比原品种要差，有些多肉植物在完全白化锦斑后很容易死掉。

安全过四季

大部分的多肉植物在春季的 4 ~ 5 月生长较快。气温上升后，植物的根部活动加快，而且经过之前一年的生长，植株的根系已经充塞盆中，土壤中的营养成分差不多已经消耗殆尽，盆中的土壤也干得比较快，所以要及时给植株补充水分，保持土壤湿润，并且给予适度的光照，一般可以每月施 1 次肥，用盆花专用肥即可。

此外，还可以在春季进行换盆，将那些营养耗尽、板结的土壤去除，换上新的土壤。然后根据植株的大小，选择一个合适的容器，这样对多肉植物的生长有帮助。换盆时也可以对多肉植物进行适当的修剪，使株形更优美。

盛夏季节温度高，不但人们在此时会感到酷热，大多数的多肉植物也会经受一次考验，状态不良，进入休眠或半休眠状态。此时，由于湿度较大，空气中水分比较多，一些植株仅靠空气中的水分便可维持生长生存，所以不宜再浇水，否则会导致根部腐烂，叶片变黄。而对于一些植株，浇水不足又会影响它们正常的生长。对此，可以通过叶片的状况进行判断，决定要不要浇水。

由于多肉植物的生长期不同，帮助它们越夏的方法也不相同。有些多肉植物的生长期在夏天，如虎尾兰、扇雀、玉吊钟、江户紫、青锁龙、子持莲华、沙漠玫瑰等，可以增加浇水量和浇水次数，光照过强时，应该适当遮阴，不过遮阴时间不宜过长。

而对于一些百合科十二卷属的多肉植物如玉露、寿、玉扇、万象、子宝、卧牛、琉璃殿、茜之塔、山地玫瑰等来讲，它们夏季时休眠或半休眠，可以将它们摆放在半阴和通风良好的地方，停止施肥，控制浇水，创造一个冷凉干燥的环境。浇水时应在早晨进行，使盆土稍湿润就可以。

秋季多肉植物怎么养

秋季是多肉植物最美的季节，随着天气逐渐转凉，植株的生长速度相对加快，一些多肉植物开始慢慢呈现红色。一些在夏天受到"摧残"的多肉植物可以适当多浇些水，使其干瘪的叶片慢慢恢复健康。

秋季时多肉植物的浇水可按照"生长期的植株多浇水，休眠期的植株少浇水；生长旺盛的健康植株多浇水，生长势头弱的植株少浇水"的原则进行，既可以满足植株生长对水分的需求，还能避免土壤积水，以免造成烂根。在光照方面，应将多肉植物转移到光照充足的地方，这样叶片才会变成红色。

白雪姬、吊金钱等植株在此时的生长速度较快，可进行摘心，使其多分枝，株形变紧凑；对沙漠玫瑰等可进行疏枝处理，以保持株形的整齐；对柱状的仙人掌如龙神柱、白芒柱等，应该适当截短，降低其株形，准备越冬。

到了11月初，应该将一些怕冻的多肉品种转移到室内，而当气温下降到10℃以下时，就要把所有的多肉植物移入室内。植株在入室前应先喷上一遍杀虫药物，室内养护场所也应进行杀菌、杀虫处理。

冬季多肉植物怎么养

我国大部分的多肉品种应该放在室内阳光充足的地方越冬，晚上要将植物放在离窗边稍远的地方，否则植株容易生长不良。冬季温度低的时候，为了防止霜冻，大部分的多肉植物都应停止施肥，减少浇水。浇水可在晴天中午之前进行。

此外，我们可以根据阳台封闭后的温度，选择冬季可栽培的多肉植物。当室温在8~12℃时，可以选择吊金钱、十二卷、长寿花、鬼脚掌、酒瓶兰等品种进行栽培；当室温在5~8℃时，可以选择莲花掌、芦荟、神刀、石莲花以及仙人掌科的植物进行栽培；当室温在0~5℃时，可以选择露草、龙舌兰、棒叶不死鸟等品种进行栽培。

繁殖方法

多肉植物的繁殖能力超强，其繁殖方法也有多种，如播种、分株、叶插、枝插、水培等。掌握多肉植物不同的繁殖方法，才能根据情况进行恰当选择。将上盆及换盆的技巧与多肉植物的繁殖方法相结合，才能慢慢壮大多肉的队伍。

播种

播种繁殖要选择果实饱满且无病虫害的种子。多肉植物的种子一般不能存放太久，当季收集之后，应于下一年播种，因为存放时间越长，出芽率就越低。具体步骤如下。

1 准备容器和土壤。土壤的颗粒要细一些，以保证良好的透气性、排水性和保水能力。

2 铺底石。在容器底部铺一层薄薄的小石子、树皮碎等作为底石，以利于渗水保湿。

3 装土。将土壤装入容器，然后整理平整，再浇水至透。

4 铺赤玉土或蛭石。在土壤表层铺一层细颗粒的赤玉土或蛭石，以便更好地保水透气。

5 浸盆。将装好土壤的容器浸入水中，直到水从土壤表层浸出，持续半小时即可。

6 播种。用牙签蘸水点种子到土壤表层，不要覆土，盖一层保鲜膜，并在上面扎孔透气。

　　分株繁殖是多肉植物较为普遍也较为简单的繁殖方法，比较适合群生状的多肉植物，比如一些易群生的景天科多肉。分株繁殖的具体步骤如下。

1 取出多肉。一手扶住花盆，一手用镊子轻轻敲打花盆，然后从花盆一角插入镊子，自上而下地把多肉植物推出来。

2 整理根系。将根系下部没有营养的旧土清理干净，把盘结在一起的根系疏通顺畅，并把病根剪掉。

3 分株。按照多肉根部的自然伸展，顺势将较大一些的幼株轻轻掰下，或是用刀片将其切下，若切口太湿，可晾晒一天。

4 装土。先在花盆底部铺上一层蛭石，然后装入准备好的土壤。

5 入盆。将掰下或切下的幼株种入装好土壤的花盆中。

6 完成。种好后，用毛刷将植株表面及花盆上的泥土等扫掉，放在通风散光处即可。

叶插

叶插成功率较高的多肉植物有白牡丹、黄丽、姬胧月、虹之玉、静夜、黑王子等。具体操作见下。

1 准备叶片。选取植株上健康良好的叶片，轻轻地将其摘取下来，并要避免叶片伤口粘上泥土或水。平常不小心碰掉的叶片只要没有损伤或明显发黄都可以用来做叶插的材料。

2 晾干。如果是新摘取的叶片，需要将其伤口晾干，一般情况下，放置1～3天就可以了，时间太长的话会使叶片卷曲。

3 准备容器和土壤。将保水性且透气性较好的颗粒相对细小的土壤装入一个较浅但较宽的容器中，可以先在底部铺一层蛭石。

4 放入叶片。可以选择将叶片插入土中，也可以将叶片直接平放在土壤上，需要注意的是，要将叶片正面朝上，背面朝下，因为小芽会在叶片正面长出来，放反了会影响其生长。

叶插的后期处理

完成后，将其放在通风且阳光散射的地方，千万不能使其受到阳光的直射，以免水分蒸发过快，造成叶片死亡。另外，由于叶片本身还有大量水分，所以在其生根或出芽前不需要浇水，否则容易出现腐烂现象。

一般情况下，7～10天后就会长出根和嫩芽，如果超过30天根系和嫩芽都没有长出来，那么即是叶插失败。长出根系后要及时将其埋入土中，然后就可以浇入适量的水了，也可以逐渐将其移至阳光下了。还有一点需要注意，在原叶片完全枯萎前，一定不要摘掉嫩芽。

枝插

枝插繁殖又叫砍头繁殖，是指将植株的分枝剪下来进行扦插的繁殖方法。景天科的很多多肉植物都适合枝插的繁殖方法，如八千代、露娜莲、黑法师等。枝插主要分为以下几个步骤。

1 砍头。选择一株健康的多肉，在合适的地方用刀片或剪刀将其剪下来。可以选择剪取徒长得比较严重，且没有新的侧芽的植株。

2 摘掉下面的叶片。将剪取部分最下面的几个叶片摘掉，露出一段茎部，这样更利于其生根。摘掉的叶片不要丢掉，可以作为叶插的材料。

3 生根。将整理好的分枝稍微晾一下，然后将其架空在一个容器上，让茎部在空气中慢慢长出根系。

4 移栽入盆。经过一段时间后就可以看到枝条生根了，这时就可以将其移栽到装有土壤的花盆中了。

小贴士

让剪下来的多肉生根的方法除了上面讲的之外，还有其他方法。例如，在准备好的盆土中间挖一个小坑，然后将砍下来的植株放在上面，避免伤口接触到土壤即可；将砍下来的植株晾干，即伤口自然愈合以后，也可以将其直接放到土壤表面，这样也能生根。

水培繁殖主要用于养护初期，目的是使其生根，然后再将其移栽到土壤中。水培繁殖具有养护相对简单、生长环境干净、不易生病虫害等优点。但由于水培条件下营养供应不足，所以时间以 2 ~ 3 个月为宜，不可太长。具体步骤如下。

1 准备。选择一株生长良好的多肉植物，还要准备一个器皿。

2 剪枝。从准备好的多肉母株上选一个健壮的枝条，用剪刀在叶基下 2 ~ 3 厘米处将其剪掉。

3 摘除叶片。将剪掉的枝条最下面的几个叶片摘除，以留取较长的茎枝。

4 晾干。将整理好的枝条放在通风处晾干，让其自然愈合，一定要避免阳光直射。

5 倒水。在准备好的器皿中倒入适量清水，注意不要太满。

6 等待生根。将晾好的枝条放入器皿中，下端不沾水，然后移至有适当遮阳或有散射光的通风处即可。

上盆及初期养护

    多肉植物正确的上盆方法能够大大提高其成活率，而上盆后的初期养护工作也特别重要，能够促使多肉植物生长得更加旺盛。

    多肉植物的上盆很简单，主要有以下几个步骤：准备好一个花盆及清洗干净并已经晾干的多肉植物；在花盆底部铺入一层陶粒或蛭石，来作为隔水层；将准备好的营养土倒入花盆中；用小铲子在合适的位置挖一个小坑；将多肉植物放进去，埋好土壤并稍稍压实；将赤玉土或其他颗粒植料铺在土壤表层，注意一定要将其铺在多肉的叶片下面。

    上盆后的多肉植物，其初期养护工作首先从浇水开始。由于刚上好盆的多肉植物的根系还没有长好，吸水能力较差，切忌一次性大量浇水，以免造成根系腐烂。用喷水壶将土壤表面喷湿润即可。如果是完全没有根系的多肉植物，在上盆后一点水也不要浇，等一周左右后再浇入少量水。

    上好盆不久的多肉植物不要直接放在阳光直射的地方。因为上盆使其受到移动、修根等的影响，抵抗力较弱，经受不了阳光的直射。如果将上盆后的多肉植物直接放到阳光下，会使其体内的水分很快被蒸发掉，而此时因怕根系腐烂浇入的水特别少，就会造成其根系因缺少水分而死亡。

    除此之外，土壤在阳光的直接照射下，容易滋生霉菌。这些霉菌会严重破坏抵抗力本来就弱的多肉植物，导致其根系发黑、腐烂，并逐渐蔓延至整株多肉植物，最终造成多肉植物的死亡。如果发现多肉植株有发黑的情况，就要及时剪掉发黑的部位，再重新进行扦插。

除了上盆后的第一次浇水只喷湿土壤外，随着多肉植物根系的生长，可以慢慢增加浇水量。但需要注意的是，即使多肉植物开始长出了新的根系，其吸水能力还是相对较弱，浇水量也不要太大，否则同样会造成根系腐烂的现象。让土壤一直保持干燥的做法也是不对的，这种做法会使新长出的根系因缺少水分供应而死掉。总的来说，上盆后的多肉植物，在一个月以内的浇水量都最好以少量多次为准，保持土壤湿润即可。

换盆

多肉类植物种类繁多，姿态和颜色各不相同，深受广大肉友们的喜爱。随着肉肉们渐渐长大，根系会充满整个花盆，不利于排水和透气，而且此时土壤的养分基本已流失殆尽。所以，原来的小盆已经不再适合它们，应该为肉肉们改善环境，更换花盆，并且添换新的土壤。

多肉植物的换盆适合在其休眠期即将结束，生长期快要开始时进行。大多数多肉植物都可在3月中旬到4月上旬进行换盆，一些冬季生长、夏季休眠的"冬型种"则可在8月底至9月初进行换盆。如果是丛生的植株，在换盆时还可以进行分株繁殖。

多肉植物的换盆具体步骤如下：将多肉植株从原花盆中取出，把根系上的泥土冲洗掉；将植株发黑的病根、死根用剪刀轻轻剪去；将植株在杀菌溶剂里浸泡1个小时，取出后风干；用小铲子将培养土放进花盆中，慢慢铺平；将消毒后的植株种进花盆中，用小铲子压实土壤；用喷壶向花盆中浇入适量水，放在半阴处养护。

单个多肉植物换盆很简单，其实，组盆的多肉换盆也不难。首先用小铲子将多个植株从盆中一个个取出来，去掉根部的土壤；用剪刀分别将各个植株的老根以及烂根剪掉；用小铲子将消毒过的培养土放进新的花盆中；按照喜欢的组合排列方式，用镊子将植株先后种进盆中；种植完毕，再铺上一层珍珠岩或其他颗粒植料；用喷壶向花盆中浇水，然后放在半阴处养护即可。

摆放

虽然多肉植物品种多样，形态各异，但是大多数的多肉植物都具有萌萌的外形，不管将它们放在阳台、客厅、窗台，还是书桌、卧室，都极具观赏性，多变的造型让多肉植物们逐渐成为家居装饰的常客。

阳台或窗台

我们知道，大多数多肉植物都喜欢光照，如火祭、桃美人、星乙女锦、鲁氏石莲花、虹之玉锦、姬星美人等。因此，在摆放多肉植物时，应尽量选择光照较多的南向阳台或窗台，方便它们吸收充足的阳光。多肉植物本来就占用空间少，而使用大小一致的方形花盆更节省空间，将它们整齐排列，显得整洁而美观，比较有视觉冲击力。此外，还可以利用分层的吊篮或花架、小桌子、小凳子等，构造出立体的空间，让阳台的每一寸空间都能够有效地利用起来。每天清晨，当我们走到阳台，看到可爱的多肉花园，便能带来一整天的好心情。

卧室

一般来说，大部分植物都会在白天吸收二氧化碳，释放氧气，在夜间吸收氧气，释放二氧化碳。所以，花花草草之类的不适合放在卧室内，否则会影响人在夜间的睡眠。而多肉植物会在夜间吸收二氧化碳等废气，释放出氧气。而且在一定范围内，温度越低，它们吸收的废气就越多，因此，多肉植物完全可以放在卧室里，如仙人掌、虎尾兰、静夜等。

餐桌

　　放在餐桌上的多肉，以夕映、黑法师、绒猫耳、薄雪万年草、白凤菊等最为常见。这些可爱的多肉植物能够为餐桌增添一种不一样的色彩。另外，它们多变的造型、艳丽的颜色也可以起到增强食欲的作用。

书桌

　　将多肉植物摆放在书桌、写字台上，不仅可以美化桌面，调节心情，还有助于缓解视觉疲劳，保护眼睛。适合在书桌摆放的多肉植物有吉娃莲、花月夜、樱吹雪等。摆放在书桌前的多肉植物最好搭配陶瓷类的花盆，可以营造出清新的氛围。

客厅

　　客厅的空间一般较大，摆放单盆的多肉植物会稍显单薄，可以摆放一些造型多变、可爱有趣的景观多肉，如天使之泪、千代田之松、黄丽、女雏、玉翁、八千代、黛比以及落日之雁等。而一些高大型的多肉植物，比如翡翠柱、大美龙等，也适合摆放在客厅，看起来不仅美观，而且大气。

角落

　　在房间的空闲角落里，也可以摆放上一些多肉植物，以成群、成簇的多肉组合最为合适，搭配上不同材质的花盆，可以营造出清新雅致的感觉。坐在沙发上，或品茶，或读书，浓浓的文艺气息扑面而来。适合摆放在房间角落的多肉植物有皮氏石莲、霜之朝、静夜、长寿花、红彩云阁等。

常见问题答疑

叶插繁殖只长根系不出小芽怎么办？

多肉进行叶插后出根出芽的时间并不一致，有些会先出根再出芽，碰到这种情况时不需要担心，把根埋起来后，只需要适当浇水保持土壤湿润，并时常晒晒太阳，几天之后便会有小芽长出。若是几个月后依然没有长芽，可以轻轻地把叶片拔出来，把原来的根系全部剪掉，然后放在土壤上让其重新生根发芽。另外，也会出现先出芽再长根的情况，新出的小芽比较娇嫩，让其在半阴的环境中养护一段时间后，再晒太阳，并适当喷雾。只要是叶子没有完全萎缩、化水，都会有出根的希望。

砍头繁殖长时间不长根系怎么办？

砍下来的多肉要在阴凉通风处晾晒几天，伤口干后再进行扦插，但切忌经常随意翻动或拔出正在生根的肉肉，否则会影响多肉生根。若是想知道多肉是否生根了，可以观察植株的生长点，如果生长点变得更绿了，那就说明已经生根。也可以轻轻晃动花盆，如果盆土没有松动的迹象，表示多肉也生根了。若是在适宜的生长条件下，多肉长时间不生根，可以将砍头的多肉放在空花盆中，然后在阴凉潮湿的环境中等其生根，或者将伤口晾干的多肉放在湿润的蛭石上，每隔两三天在周围喷一次雾，也有利于其生根。

多肉开花后都会死掉吗？

大部分多肉都会开花，开花后死亡的只是少数品种，其中最常见的便是瓦松属的凤凰、富士、子持莲华等，此外，还有青锁龙属的阿尔巴、神通等，石莲属的因地卡、德钦石莲等。而石莲花属、厚叶草属和番杏科的多肉开花后并不会死亡，精心照料之下依旧会长得很好，而且开的花朵十分漂亮，令人惊艳，可以让其继续开花。

开花的多肉怎么处理？

大自然中的植物开花是很正常的现象，多肉植物也不例外，这是其繁衍后代的一种途径。多肉植物大部分都是可以开花的，但有的并不是每年都会开，有可能几年才开花一次。植株开花后会大量消耗母株的营养，如果觉得花朵漂亮，可以精心地照料、养护，让其继续开花，也可以通过人工授粉来培育种子，如果觉得不好看的话，或者植株状态不良时，要及时地剪掉花箭，以免增加母株的负担。

春天多肉植物为什么会晒伤？

多肉植物被晒伤的原因很简单，平时受光照少的多肉，本身比较娇嫩，即便春天的光照还不是很强，但也可能出现晒伤的情况。徒长的多肉因为光照少，一下子增加过强的光照，就很可能被晒伤。所以状态不是很好的多肉，一定要慢慢增加光照强度和时长，不可操之过急。

增加光照应该从早晨或者傍晚增加，不要在正午增加光照，尤其要避开11~15时的再光照，当多肉状态慢慢变好之后，可以适当继续增加光照，直到露养。

春季造成多肉晒伤的另外一个原因是植株叶片有水珠，起到了凹凸镜的效果，将光聚在一起导致叶片被灼伤，因此在给多肉浇水时应注意避免浇到叶片上。

叶片晒伤了还能不能恢复？

多肉植物虽然喜欢阳光充足的环境，但在暴晒的情况下很容易被晒伤，若叶片不小心晒伤了，要赶紧将其移到阴凉通风处，避免情况更加糟糕。晒伤的叶片当天未表现出来，几天之后就会出现明显的疤痕，在不严重的情况下，等待植物自己恢复即可。如果晒得过于严重，叶片已经变焦，就要将变焦变黑的叶片直接剪掉，重新诱发新芽。若暴晒导致叶片已经化水了，要将这些叶片及时摘除，因为这样的叶片是无法恢复的。

为什么有的多肉叶片一碰就掉？

多肉植物的叶片肥厚饱满，而叶柄却很小或没有，所以一碰就容易掉落，遇到这种情况不需要担心，就像生命力顽强的虹之玉，叶子掉落后也会继续生根发芽。若平时浇水过于频繁，水分过多也会造成叶子易掉落，那么浇水时就需要注意，一般要等土壤干透再浇水，不要造成盆土积水。植株的根部或茎秆出现黑腐时，也会出现叶子萎缩脱落的现象。黑腐病易传染，要立即将发病植株与其他多肉隔离，并将黑腐处立即切除干净，然后放在阴凉通风处晾晒伤口。另外，多肉是喜光植物，若其生长过程中光照不足时，叶片一碰就掉，所以平时要多晒太阳，但夏季要注意避免晒伤。

被鸟啄伤的叶片要摘掉吗？

多肉植物的叶片肥厚多汁，露养的多肉很容易成为小鸟啄食的对象，尤其是在野外食物匮乏的深秋季节。如果叶片被小鸟啄伤的伤口比较小，可以不用管，随着植株生长伤口会慢慢痊愈，也不会留下疤痕。如果啄伤的面积比较大，伤情严重的话，可以将叶片摘掉。

多肉下部的叶片枯萎是怎么回事？

一般情况下，植株最下面的叶片枯萎属于正常的新陈代谢，这是植株通过吸收老叶片的营养以供其生长，不需要担心。还有一种情况是病态的化水情况，整株化水比较多、速度比较快，此时就需要视情况采取砍头、摘叶子等措施来挽救。另外，如果盆土长期缺水或被强光直射、根部被破坏，也会造成下部叶片枯萎，这就需要在植株养护过程中多加注意，精心照顾。

多肉变软变干瘪怎么办？

多肉变软变干瘪是由多种原因引起的，要视具体情况而定。有人认为多肉耐干旱，长时间不浇水，结果因缺水导致多肉变软变干瘪，只要浇水充足，植株很快便能恢复过来。如果浇水充足，植株还是没有恢复状态，那就有可能是根部出现了问题，需要检查根部，及时进行处理。处于缓苗期的多肉在根部还没有完全长好的情况下，会影响养分和水分的吸收，进而导致多肉变软变干瘪。除此之外，光照不足也会导致叶片出现此种现象，这时就需要将其移至光照充足的地方。

多肉突然化水还有救吗?

多肉正常情况下突然化水,一般是由于浇水太多或者淋雨过多引起的,尤其是在夏天过热、冬天过冷的环境下,更容易导致叶片化水。这时候要及时把化水的叶片摘掉,并将根部带土取出花盆,放在阴凉通风处,等土壤干后再放回花盆中。另外,还有可能是植株黑腐造成叶片迅速化水,这种情况不太乐观,补救的机会不大。

花盆周围的蚂蚁需要清理吗?

蚜虫的粪便是一种含糖丰富的"蜜露",是蚂蚁非常喜欢吃的食物。蚜虫为蚂蚁提供食物,蚂蚁便会保护蚜虫,并会通过将蚜虫搬运至不同的地方,来给蚜虫创造良好的取食环境,也方便自己获得食物,它们之间是一种互利共生的关系。所以一般有蚂蚁出没的地方必会有蚜虫,如果在花盆附近发现蚂蚁,那就说明蚜虫离你的多肉也不远了。

花盆周围出现蚂蚁时,可以用面包屑、鸡蛋壳等食物来引诱蚂蚁,然后将其集体消灭。如果花盆中已有蚂蚁活动,最好的办法便是换土,以防其危害多肉。多肉植物也需要喷洒几次杀虫剂,将蚜虫及时消灭。

怎样区分休眠和死亡?

有很多新手对多肉不够了解,分不清休眠和死亡两种状态,有时可能会把处于休眠期的多肉当作已经死亡的植株扔掉,造成不必要的损失。其实,多肉休眠时和死亡时有着不一样的形态表现。大部分多肉在夏季或冬季会进入休眠或半休眠的状态,这一时期的多肉会出现叶片脱落、植株萎缩等精神不佳的状态,但植株并没有死亡,只要浇水适当、温度适宜、适当遮阴,过了休眠期后,植株便会恢复常态。而死亡的多肉,则是完全萎缩或黑腐、化水,没有恢复生机的可能。

怎样判断盆土是否已经干透？

　　浇水是养护多肉必不可少的事情之一，大多数多肉都是干透后再浇透，而如何判断盆土是否已干透，则需要一定的经验积累。花盆大小不一样，干燥程度有区别，小的干得快，大的干得慢。也可以通过掂花盆的重量来判断，一般干透后花盆就会明显变轻。如果盆土表面依旧湿润，那就表示暂时不用浇水。另外，可以通过植物的长势来判断，若叶片失去光泽，变得干瘪、褶皱，那就说明已经缺水了，需要立即补充水分。一般来说盆土七八分干的时候就可以浇水了。

多肉可以淋雨吗？

　　对于经常放在室外露养或者半露养的多肉来说，已经习惯气候环境变化的它们可以适当淋雨，因为雨中含有一些有利于多肉生长的养分，还可以帮助清洗叶面的灰尘，但也要避免长期淋雨，以防积水引起病菌滋生或者造成植株腐烂和叶片化水。对于长期待在室内，刚搬出室外的多肉来说，不要让其频繁地淋雨，必须要让它先熟悉气候环境，否则容易导致多肉毁容或者徒长。

多肉积水有什么影响，应该怎么办？

　　多肉植物大部分都是喜光、耐旱的，多水潮湿的环境不适合它们生长，所以积水对多肉来说有很大的危害性。在多雨的夏季和秋季，植株淋雨后，叶子上残留的水珠在阳光的折射下，有可能导致多肉毁容，出现不均匀的色斑，而且在高温、潮湿、积水的环境下，也很容易造成多肉黑腐化水。冬季在温度低的地区，积水会导致植株腐烂、叶片冻伤。所以在多肉淋雨后，要用纸巾之类的吸水性强的东西及时将植株上的水吸干，并保持通风良好，或者将其放在雨水不易淋到的地方。

多肉花盆里长出蘑菇了怎么办?

在春天和夏天连下几天雨后,多肉花盆中有时会出现一些蘑菇,蘑菇本身对多肉来说没什么影响,只要拔掉就好,但会长出蘑菇的环境对多肉植物来说本身是不好的。通常来说,蘑菇的生长需要三个必要条件,第一是环境潮湿阴暗,第二是土壤富含有机物,第三是土壤介质中含有蘑菇孢子。如果在雨季中零星长出一两朵蘑菇,等雨停了,太阳一出来,蘑菇也就消亡了。如果是频繁长出蘑菇,则说明多肉本身不好的状态已持续很久,此时就需要特别注意。

草木灰可以作为多肉底肥吗?

很多人认为多肉喜微酸性土壤,常常能听到他们所谓的酸水理论。而草木灰呈碱性,却有许多文章里建议将草木灰作为底肥添加。那么为什么会出现这样听上去似乎相悖的理论呢?草木灰到底是否适合作为多肉底肥呢?

由于草木灰易得,性价比极高,所以在农业上有广泛的应用,因此草木灰很自然地成了肉友们的常规选择。再者,草木灰虽然呈碱性,但只是微碱,而且多肉所需的底肥不多,所以草木灰很难从根本上改变多肉配土的酸碱性。此外草木灰中含有大量的矿物元素,其中以钾为甚,而多肉喜钾肥,因为钾肥能促进植物生长,保证各种代谢过程的顺利进行,增强抗病虫害和抗倒伏的能力等。从这方面来说,建议添加草木灰作为多肉的底肥。

多肉植物换盆需要修根吗?

多肉植物换盆时是否需要修根要视情况而定,具体来说主要分为以下四种情况。第一,刚种植一段时间、长势良好的多肉,譬如种植两三个月、小半年的多肉,配土不需要重新换过,可以直接连根带土一起放进新盆里,此时的多肉完全不需要修根,只要注意在移栽时不要破坏根系,这样多肉就能很好地继续生长。第二,种植了大半年,或者更长时间的多肉,建议进行换盆时适当修根。修根后将植株放在明亮通风、无直射光的地方晾干伤口,再重新种下,进行缓苗处理。第三,如果多肉植物长势不佳,进行换盆时,一定要进行修根处理,剪掉坏死的底部根系,从而起到刺激生根的作用。第四,如果换盆时间不适当,譬如夏天,但多肉植物状态正常,就可以考虑尽量保持其根系和介质的完整性,直接换到新盆里。如果出现底部烂根、茎秆腐烂现象则有必要采取修根措施。

第三章

人气萌多肉

　　想把姿态不同、颜色各异的多肉养出最佳状态，就得摸清它们各自的习性和养护方法，只有这样，才能拥有一棵棵美丽绚烂、人见人爱的多肉。本章就对这些大受欢迎的萌多肉进行详细介绍。

小米星

多年生肉质草本植物，直立丛生，多分枝，茎肉质，多年生后茎秆逐渐木质化。肉质叶交互对生，呈卵状三角形，灰绿色至浅绿色，上下叠生，叶缘微带红色，无叶柄，基部连在一起。星状花白色，簇生，花瓣有5～6枚。

养护全指导

种植：土壤可采用煤渣与泥炭土、少量珍珠岩混合配制，比例大约为5：4：1，表层再铺上一层小石头。

浇水：生长期保持土壤湿润，避免积水，夏季可适当浇水，避免长期淋雨，冬季基本断水。

光照：喜欢阳光充足的环境，耐半阴，生长期可以全日照。

温度：最低生长温度为5℃。

施肥：每15天左右施1次稀薄液肥。

多肉小档案

别名：无

科属：景天科青锁龙属

产地：南非

花期：4～5月

小贴士

夏季高温时植株生长缓慢或停止生长，这时要注意保持良好的通风，并遮挡强烈的阳光，避免暴晒。要避免高频率、多量浇水，否则易导致土壤表面养分被冲刷，造成土壤板结。

彩色蜡笔

多年生肉质草本植物，植株丛生，有细小的分枝，茎肉质，多年生后茎逐渐半木质化。肉质叶较嫩，为卵圆状三角形，浅绿色至嫩粉色，边缘微带粉红色，交互对生，无叶柄，基部连在一起。花簇生，白色，呈星状，有5~6枚，开满枝头时极为漂亮。

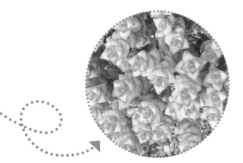

养护全指导

种植：土壤可用煤渣、泥炭土及少量珍珠岩配制，比例为5：4：1。

浇水：怕水涝，要节制浇水，冬季基本断水，保持盆土干燥，以防冻伤。

光照：喜阳光充足和凉爽、干燥的环境，耐半阴，生长期可全日照，夏季强光时适当遮阴。

温度：能耐 -2℃左右的室内低温。

施肥：每15天左右施1次稀薄液肥。

多肉小档案

别名：小米星锦

科属：景天科青锁龙属

产地：南非

花期：4~5月

小贴士

彩色蜡笔的繁殖方式一般是砍头，可选取生长健康的枝条，剪下长3~5厘米的一段枝条，晾干伤口扦插，几天后可浇入少量水，等其生根发芽即可。

宝贝惊喜

多年生肉质草本植物，为园艺杂交品种，植株呈矮灌木状，茎直立。叶片对生，呈卵圆形，肉质肥厚饱满，绿色，叶面较平，叶背隆起。光照充足、温度适宜时，叶缘和叶尖变为红色，若光照不足，叶间会变得松散，影响美观。

养护全指导

种植： 适宜用疏松、透气且含有一定颗粒的土壤。

浇水： 生长季遵循"干透浇透"的原则，盆内不要积水，夏季高温时节制浇水，每月2～3次沿盆壁少量给水即可，冬季逐渐减少浇水。

光照： 喜欢干燥、凉爽、阳光充足的环境，生长季可以全日照，夏季要遮阴，避免强光直射。

温度： 最低生长温度为5℃。

施肥： 施肥较少，每月可施稀释的液体肥1次，肥水切忌接触到肉质叶片。

多肉小档案

别名：婴儿惊喜

科属：景天科青锁龙属

产地：园艺培植

花期：不详

小贴士

春秋季为其生长季，要保持干燥、通风的环境。夏季有短暂的休眠期，要适当地遮阳控水，并保持良好的通风，以免闷热潮湿造成植株腐烂。冬季温度低于5℃时要断水，避免冻伤。

半球乙女心

　　植株呈矮灌木状，多分枝，茎部易木质化。叶对生，肉质，肥厚饱满，呈肥厚半球状环绕枝干生长，叶尖圆润，叶片绿色，叶缘有一圈红晕，十分精巧、可爱。小花星形，粉色，盛开后艳丽无比。

养护全指导

种植：对土壤要求不高，一般用腐叶土配上园土即可。

浇水：生长季浇水"干透浇透"，盆内不要积水，夏季温度高于
　　　35℃时要节制浇水，冬季低于5℃可断水。

光照：喜欢阳光充足的环境，生长季节可全日照，夏季高温时要
　　　适当遮阴。

温度：最低生长温度为5℃。

施肥：每半个月施1次复合肥。

多肉小档案

别名：半球星乙女

科属：景天科青锁龙属

产地：南非

花期：春末夏初

小贴士

　　半球星乙女植株娇小，枝叶新颖独特、精巧可爱，色彩梦幻美丽，具有很好的观赏性，可作为小型盆栽用来装饰室内，适合放在窗台、案头、书桌一角。

钱串景天

多年生肉质草本植物，植株矮壮，高约60厘米，有小分枝，茎肉质，会逐渐木质化。叶肉质，交互对生，呈卵圆状三角形，灰绿色至浅绿色，叶缘微显红色，无叶柄，基部连在一起。小花白色，素净雅致。

养护全指导

种植： 可采用腐叶土、园土、粗砂或蛭石的混合土进行栽种，所需花盆直径为10～15厘米，每年春季要换盆、换土1次。

浇水： 生长期要保持土壤湿润，避免积水，以免造成植株根部腐烂，夏季高温时节制浇水，避免长期淋雨。

光照： 喜欢阳光充足的环境，耐半阴，夏季要注意遮光，避免暴晒。

温度： 适宜生长温度为18～24℃，冬季温度不能低于10℃。

施肥： 每15天左右施1次腐熟的稀薄液肥，以促进植株的生长，冬季休眠期不施肥。

多肉小档案

别名：	钱串、串钱景天
科属：	景天科青锁龙属
产地：	南非
花期：	4～5月

小贴士

钱串景天长得非常像一串串的古代钱币，造型奇特，色彩明丽，精致可爱，非常适合用来制作小型工艺盆栽，若是再以奇石相搭配，做成多肉植物小盆景，用来装饰窗台、书案等处，更可给人清新自然之感。

十字星锦

多年生肉质草本植物，植株丛生，有分枝；茎肉质，逐渐半木质化。叶肉质，灰绿色至浅绿色，叶面上有绿色斑点，叶缘稍具红色。叶片为卵状三角形，无叶柄，交互对生，基部连在一起。花为米黄色，精致可爱。

养护全指导

种植：土壤可用煤渣、泥炭土、珍珠岩按照5：4：1的比例进行搭配，并可在土表铺上一层颗粒状的介质。

浇水：生长期需保持土壤湿润，但要避免积水，冬季基本断水。

光照：夏季避免暴晒，要适当遮光。

温度：能耐 −2℃左右的室内低温。

施肥：生长期每2个月施肥1次。

小贴士

每年的9月至第二年的6月为植株的生长期，若生长期光照不足会使植株徒长，叶与叶之间的上下距离拉长，使得株形松散，叶缘的红色也会减退。十字星锦还具有冷凉季节生长、夏季高温休眠的习性。

多肉小档案

别名：星乙女锦

科属：景天科青锁龙属

产地：南非

花期：4～6月

若歌诗

植株易丛生，茎细小，呈柱状，淡绿色，冷凉季节在阳光下变为红色。叶片对生，肉质，肥厚饱满，叶长 3～3.5 厘米，表面长有细绒毛，叶缘微黄或微红，长出的新叶错位排列。小花为淡绿色。

养护全指导

种植：对土壤要求不高，用泥炭土和粗砂配制的混合土即可栽植，普通的园土也可栽植。

浇水：生长期浇水一般需要干透浇透，梅雨季节和高温季节每周浇水 1～2 次即可，冬季需保持盆内土壤干燥。

光照：喜光，耐半阴。

温度：生长适温为 15～25℃，冬季不低于 5℃。

施肥：生长期每 2 个月施肥 1 次。

多肉小档案

别名：无
科属：景天科青锁龙属
产地：非洲南部
花期：秋季

小贴士

主要繁殖方式为扦插繁殖，每隔 2～3 年需要重新扦插更新，全年皆可进行，但春、秋季生根较快，成活率高，可选取较完整的枝叶插在沙盆中，20～25 天之后便可生根，根长到 2～3 厘米后就可以移栽至花盆中。

蓝姬莲

易群生，老桩可生出多头，叶片呈莲座状排列，叶形较尖，呈匙形，上表面平整，下表面突出，叶色为蓝白或绿白色，昼夜温差大或冬季低温期叶尖会变成红褐色。开簇状花，花微黄色，先端红色。

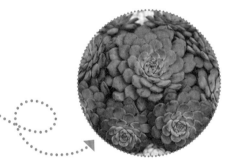

养护全指导

种植： 配土可用泥炭土、蛭石、煤渣按照 2：1：2 的比例混合配制，给蓝姬莲换盆时，应换上新土，换盆最好在梅雨季节来临之前，或者在秋季进行。

浇水： 每个月浇 2 次水。

光照： 喜光照，耐干旱，不耐寒，春秋季节是它的生长期，可以全日照，夏季高温要适当遮阴并保持良好的通风，冬季可以全日照养护。

温度： 适宜生长温度为 10 ～ 25℃。

施肥： 种植时可在土壤中混合充足的缓释基肥，除冬季之外，平时可以每 2 个月施 1 次肥，将液肥稀释在清水中，用液肥水将盆土浇透。

多肉小档案

别名：	若桃
科属：	景天科拟石莲花属
产地：	园艺培植
花期：	不详

小贴士

蓝姬莲的繁殖方式有扦插、分株、砍头、播种等几种方式，其中用侧芽进行扦插是繁殖的主要方式，叶插成功的概率相对较小。

原始姬莲

莲座直径为 3.5～4 厘米；肉质茎通常短于 3 厘米，肉质叶为心形，叶端中间凹进去再有个小尖，叶尖短。叶片表面有霜粉，叶片本身呈灰绿色，叶尖与叶缘在阳光强且有一定温差的环境下可变红。

养护全指导

种植： 配土应选择透气排水性良好的土壤，可将泥炭土、颗粒土按照 1:1 的比例配制。

浇水： 每个月浇 3～4 次水，少量在盆边给水，浇水的时候尽量浇在土里，因为叶片沾上水会影响美观，更不要浇到植株中心，容易腐烂。

光照： 生长期可以全日照，夏季会休眠，需通风遮阳。

温度： 夏季温度在 25℃以上时，需遮阴，冬季应放在温室或室内向阳处，室温尽量保持在 10℃以上，最低温度不能低于 -5℃。

施肥： 生长期每半月施稀薄液肥 1 次。

多肉小档案

别名：	无
科属：	景天科石莲花属
产地：	墨西哥
花期：	不详

小贴士

原始姬莲在光照不足、烈日暴晒、持续潮湿低温、通风不良等环境下易受病菌感染，叶底或茎上会长出黑点，然后蔓延至全株及附近的植物。因此一旦发现有植物染病，必须马上隔离，以免感染其他植物。

皮氏石莲

莲座直径为 10 ~ 15 厘米，肉质茎一般短于 10 厘米且分枝较少。叶片呈狭卵形或倒卵形，呈莲座状紧凑排列，顶部有尖，一般环境下为青白色，在阳光充足、温差较大的环境下叶缘呈粉红色。蝎尾状聚伞花序可长达 30 厘米或以上，花冠呈尖锐的五角形。

养护全指导

种植：配土可将泥炭土、蛭石、珍珠岩按照 1：1：1 的比例，并添加适量骨粉配制而成，也可用腐叶土、河沙、园土、炉渣按照 3：3：1：1 的比例配制。

浇水：生长期浇水干透浇透，空气干燥时可向植株周围洒水。

光照：生长需要充足的光照，夏季要注意适当遮阳，其他季节都可全日照。

温度：适宜生长温度为 15 ~ 25℃，冬季不低于 5℃。

施肥：生长期一般每 20 天左右施一次肥。

多肉小档案

别名：蓝石莲

科属：景天科拟石莲花属

产地：墨西哥

花期：春季

小贴士

皮氏石莲的繁殖方式有叶插、枝插和播种，在使用播种繁殖时，由于皮氏石莲的种子非常小，因此不能以点播的形式，只能用盲撒的方式。

爱斯诺

叶形和株形都与蓝姬莲非常相似，但爱斯诺的叶片为充满光泽的蓝色，比蓝姬莲的叶片更蓝，叶片顶端也比蓝姬莲的叶片更尖。植株容易爆盆，一般一年的时间就可以爆出多头。

养护全指导

种植：以疏松透气、排水性好、含一定量的腐殖质、颗粒度适中的土壤为佳，土壤可以呈弱酸性或中性。

浇水：浇水多在夏天清晨进行，冬天应在晴朗天气的午前进行，生长期应保持盆土湿润而不积水。

光照：喜欢充足但不强烈的阳光，在炎热的夏季，应移至阳光直射不到的明亮处，冬季可以全日照。

温度：适宜生长温度为 15 ～ 30℃，冬季 12℃以下时会有短暂的休眠期。

施肥：种植时先在土壤中混合充足的缓释基肥，除冬季之外，其余时间每 2 个月施 1 次薄肥。

多肉小档案

别名：艾斯诺

科属：景天科拟石莲花属

产地：杂交种

花期：6 月

小贴士

紫砂盆是多肉植物的最爱，在选择紫砂盆时应注意盆壁的薄厚程度，越是薄壁的紫砂盆透气性越强，盆壁厚的透气性较差，要本着"宁小勿大，宁浅勿深"的原则选盆，种植爱斯诺，最好选用半高比例或扁平的盆。

小红衣

　　叶片整体呈莲座状紧密排列，小叶片呈微扁的卵形，环生，叶尖两侧有突出的薄翼。在强光下，叶缘和叶尖会呈现出漂亮的红色。

养护全指导

种植：宜在排水、透气性良好的沙质土壤中栽培，可用腐叶土、沙土和园土按1：1：3的比例配制，也可在土中添加适量的蛭石或珍珠岩。

浇水：忌浇水过多，应至少间隔10天浇一次水，每次浇透即可，在夏季或梅雨季节最好暂停浇水。

光照：喜光照，光照越充足，叶片的色彩越鲜艳，株型越紧凑，光照不足时叶片徒长，排列松散而向外摊开，严重影响观赏性。

温度：在气温高于35℃或低于5℃时植株生长速度延缓或停止生长。

施肥：每15天左右施1次稀薄液肥。

多肉小档案

别名：新版小红衣、小红莓、文森特卡托

科属：景天科拟石莲花属

产地：不详

花期：秋季

小贴士

　　小红衣的病虫害以介壳虫为主。初期虫害常见于根部或植株叶片中心，发现虫害后需要立即将其与其他植物隔离，并剪掉滋生介壳虫的根部。

娜娜小勾

体形小巧精致，叶子小而肥厚，紧密排列，外形看起来与姬莲较为相似。植株对光照依赖性强，光线不足易导致其褪色、徒长。

养护全指导

种植：应选择疏松、肥沃、透气性好的土壤，盆土以煤渣、泥炭土和少量珍珠岩混合而成的土壤为主，可选择直径为8～15厘米的花盆，每年换盆、换土1次。

浇水：生长期需要保持土壤湿润，夏季高温时植株生长缓慢或停止生长，要节制浇水，不能长期淋雨，以免植株腐烂，冬季基本断水。

光照：喜欢阳光充足的环境，耐半阴，生长期可以全日照。

温度：最低生长温度为4℃。

施肥：平时每2个月施1次薄肥。

多肉小档案

别名：	娜娜胡可、七福美尻
科属：	景天科石莲花属
产地：	不详
花期：	不详

小贴士

娜娜小勾一般采用砍头爆小崽或叶插的方式进行繁殖，将砍下来的植株直接插在干的土壤中，几天之后再浇少量水，有利于其生根。叶插就是选取饱满、健壮的叶片，在阴凉处晾干伤口后放在土表或插进土中，稍微加湿即可。

厚叶月影

多年生肉质植物，生长速度一般，有较小的半木质茎。叶片厚，为蓝绿色，近半圆形，呈莲座状紧密排列，微向中心合抱，叶面光滑，微被白粉，叶背略凸起有轻微棱，叶端尖，叶缘半透明。花为穗状倒钟形，有5枚花瓣，萼片直立或呈直角伸展。

养护全指导

种植：适宜疏松、肥沃、通透性良好的土壤，可选择泥炭土、煤渣和珍珠岩同等比例混合的土壤作为盆栽土，为了使其更好地生长，可在土表铺上一层干净的河沙或者浮石。

浇水：遵循"干透浇透，不干不浇"的原则，每个月浇水3到4次即可，在盆边少量给水，防止根系干枯，冬季要逐渐断水，0℃以下保持盆土干燥，保证其安全过冬。

光照：喜欢阳光充足的环境，生长期可以全日照。

温度：最低生长温度为5℃。

施肥：每月施稀释的液体肥1次，肥水切忌接触到叶片。

多肉小档案

别名：无

科属：景天科拟石莲花属

产地：墨西哥

花期：春季

小贴士

浇水时要尽量把水浇在土里，水洒到叶片上不仅影响美观，还会将叶面上的白粉冲走，水浇到叶片中心容易造成腐烂，也需注意。

财路

植株矮壮，通常不会高于10厘米。肉质叶为蓝绿色，呈莲座状排列，放射性生长，先端较尖。叶表面有一层白色蜡质涂层，叶缘为紫红色，在光照充足、温差较大的环境下，叶缘的紫红色会扩大至叶面。

养护全指导

种植：要求土壤透气且有良好的排水性，可以将泥炭土、赤玉土、植金石、轻石、稻壳灰按照5：1.5：1.5：1：1的比例配制。

浇水：浇水必须浇透，经常松土，使盆土均匀地吸足水。如遇阴雨天或温度突然降低，则停止浇水。

光照：喜欢阳光充足的环境，但夏季应避免强光直射，冬季则可以接受一整天的阳光照射。

温度：适宜生长温度为15～30℃，冬季12℃以下时会有短暂的休眠期。

施肥：每月施稀释的液体肥1次。

多肉小档案

别名：	无
科属：	景天科拟石莲属
产地：	园艺培植
花期：	不详

小贴士

叶插时要选取已成熟但未发黄的叶片，摘下后放在明亮通风处风干伤口，避免烈日暴晒，然后把叶片平放或浅插在稍湿润的土壤上，几天之后便会生根发芽。

海琳娜

月影系多肉植物，叶片为长匙形，前端较圆，蓝绿色，叶片较厚，呈莲花状紧密排列。秋冬出状态时，叶片变成粉黄至粉红色，叶缘有粉色透明感，呈包裹状态，非常美丽。小花钟形，为橘红色。

养护全指导

种植：适宜疏松、肥沃的沙壤土，盆土可选用腐叶土、园土和粗砂等混合配制。

浇水：15℃以上正常浇水，干透浇透，10℃以下适当控水，干透浇一点，5℃以下完全断水，生长季节每月浇水约3次，休眠期控水，每月1次甚至更少。

光照：夏季注意遮阴通风控水，给予适量光照。

温度：夏季温度在25℃以上时，需遮阴，冬季应放在温室或室内向阳处，室温尽量保持在10℃以上，最低温度不能低于5℃。

施肥：生长期每月施1~2次薄肥。

多肉小档案

别名：无

科属：景天科拟石莲花属

产地：不详

花期：春末

小贴士

海琳娜具有月影系的特殊性，在不适当的养护环境下会泛绿，到了秋冬温差大的季节，只需给予充分光照，又可以完全恢复，同时海琳娜和其他月影系多肉植物一样，比较容易爆侧芽。

海滨格瑞

小型多肉植物，近乎无茎，莲座直径约6厘米。密集叶片约有30枚，呈倒卵形，上半部近三角形，顶部钝，稍具芒尖，叶表覆有少量白霜。总状花序，细弱花茎可长达12厘米，花冠为瓮状至钟状，橙色。

养护全指导

种植：喜疏松、排水透气性良好的土壤。

浇水：在盆土全部干燥或干透后浇透，但要防止盆内积水，不要将水浇到叶片及茎部，以防叶片因水湿而腐烂。

光照：喜温暖、干燥、光照充足的环境，耐半阴，夏季要注意遮光，避免暴晒。

温度：适宜生长温度为 15 ~ 25℃，冬季温度不低于5℃。

施肥：生长期每 2 个月施 1 次薄肥。

多肉小档案

别名：	海冰格丽
科属：	景天科拟石莲花属
产地：	墨西哥
花期：	七月

小贴士

海滨格瑞的繁殖方式多样，可叶插、砍头、分株和播种。其中叶插是较为常用且成活率较高的一种，首先选取已成熟但未发黄的叶片，摘下后放在通风处晾 5 ~ 7 天至伤口风干，然后把叶片平放在稍微湿润的土表，避开烈日暴晒，静待生根即可。

紫罗兰女王

　　中小型多肉品种，叶片呈莲座形密集排列，每个莲座直径可达15~20厘米。叶呈卵圆状披针形，浅灰绿或浅灰蓝色，在强光下可变成梦幻的紫粉色，叶缘有透明的冰边。穗状花序，小花钟形，先端5裂，花瓣内侧黄色，外侧粉色。

养护全指导

种植：一般可用泥炭土、蛭石、珍珠岩按1:1:1的比例，并添加适量骨粉配制的混合土，也可用腐叶土、河沙、园土、炉渣按3:3:1:1的比例混合配制。

浇水：一般每月浇2~4次水，遵循"干透浇透"的原则，夏季高温适当遮阴，冬季控制浇水。

光照：喜阳光充足、凉爽、干燥和通风良好的环境。

温度：最低耐温-6℃~-3℃。

施肥：每月可施1~2次薄肥。

多肉小档案

别名：紫罗兰女皇

科属：景天科拟石莲花属

产地：美国

花期：七月

小贴士

　　紫罗兰女王的繁殖常采用叶插、枝插和分株的方式进行，其中生长期生长良好且肥厚的叶片是叶插的首选；分株最好在春天进行；枝插时，剪取的分枝长短不限，但剪口要干燥后再插入沙床。

冰梅

多年生肉质植物，整个植株的叶片向叶心合拢，叶片勺形，叶面光滑微被白粉，前端微凹，叶背凸起，叶缘有半透明角质，叶片在温差较大和休眠的时候会出现红晕。开穗状倒钟形花，有花瓣5枚。

养护全指导

种植：盆土可用泥炭土、珍珠岩、煤渣按照1:1:1的比例配制，可在花盆表层铺上颗粒干净的河沙或浮石。

浇水：干透浇透，不干不浇，夏季每个月浇水3～4次，少量在盆边给水，冬天尽量少给水。

光照：喜欢阳光充足的环境，生长期可以全日照，夏季高温需适当遮阳，并保持良好的通风。

温度：夏季温度在25℃以上时，需遮阴，冬季应放在温室或室内向阳处，室温尽量保持在3℃以上，最低温度不能低于-3℃。

施肥：上盆时可加入适当的底肥，生长期施1～2次薄肥。

小贴士

平时给冰梅浇水时，应尽量浇在土里，叶片沾上水分会影响美观，白粉也容易被水淋走。休眠期尽量不要浇到植株中心，避免发生腐烂。

莎莎女王

　　中小型多肉品种，整体株型较圆。叶片紧密环绕排列成莲座状，叶片为圆匙形，厚而圆润，上有薄粉，叶尖明显，叶缘有红边，在光照充足、昼夜温差大等条件下，红缘会更加明显。花序穗状，小花钟形，黄色。

养护全指导

种植：适宜疏松透气、排水性良好的土壤，盆土可用泥炭土、蛭石和煤渣按照 2 : 1 : 2 的比例混合配制。

浇水：夏季每周在土表喷少量的水，防止根系因干枯死亡，冬天逐渐断水，保持盆土干燥。

光照：喜欢阳光充足的环境，生长期可以全日照，夏季强光需要适当遮阳。

温度：适宜生长温度为 15 ~ 30℃。

施肥：上盆时可加入适当的底肥，生长期每 2 个月施 1 次薄肥。

多肉小档案

别名：无

科属：景天科拟石莲花属

产地：不详

花期：春季

小贴士

　　莎莎女王通常采用叶插或枝插的方式进行繁殖，其中叶插繁殖的成功率很高，往往一个叶片就能各种爆崽。莎莎女王叶片的红边在夏季容易褪去，整株泛绿，此时应注意防止徒长摊大饼，如有徒长趋势可给予少量光照，到秋冬季节就能恢复正常。

虹之玉

多年生肉质草本植物，为人工杂交品种，生长速度快，株高10～20厘米，多分枝。肉质叶互生，绿色，圆筒形至卵形，长2厘米，表面光滑，无白粉，阳光充足时渐变为红褐色。花较小，为黄红色。

养护全指导

种植：对土壤要求不高，可用肥沃园土和粗砂混合配制而成，花盆直径以12～15厘米为宜。

浇水：不适宜大水，生长期保持土壤稍微湿润即可，冬季逐渐减少浇水，保持盆土微干燥。

光照：喜欢光照，不怕烈日暴晒，夏季不需要遮光。

温度：适宜生长温度为10～28℃，冬季温度不低于5℃。

施肥：虹之玉生长缓慢，不需要大肥，生长期每月施肥1次，用稀释的饼肥水或15-15-30的盆花专用肥。

多肉小档案

别名：耳坠草

科属：景天科景天属

产地：墨西哥

花期：冬季

小贴士

病虫害较少发生，但若通风不畅或空气湿度过大，容易引起叶斑病和茎腐病的发生，可使用内吸性杀菌剂进行防治。同时，平常要注意通风，避免浇水过多，做好预防工作。

虹之玉锦

多年生肉质草本植物，为虹之玉的锦化品种，直立丛生，株高可达 20 厘米左右。叶肉质，轮生，圆筒形至卵形，排列紧密，叶片上部淡紫红色，先端平滑钝圆，叶面光滑红润。聚伞花序，小花星状，淡黄色。

养护全指导

种植：适宜质地疏松、排水及透气性良好的沙壤土。

浇水：生长期浇水不宜过多，每月浇水两次，夏季控制浇水，冬季逐渐减少浇水。

光照：喜欢光照充足的环境，夏季要注意适当遮阴。

温度：冬季最低温度为 10℃。

施肥：生长期每 20 天施肥 1 次。

多肉小档案

别名：无

科属：景天科景天属

产地：墨西哥

花期：夏季

小贴士

可以采用枝插或叶插的方式进行繁殖，以叶插为好。在其生长季节，从植株上选取完整的叶片，放在阴凉的环境中晾晒几天，等到干后即可插入盆沙中，浇少量的水，保持盆内土壤湿润，当根长到 2 ~ 3 厘米时，可移栽至盆中。

八千代

多年生肉质植物，植株高度为20～30厘米，呈小灌木状，分枝多。叶片肉质，圆柱形，簇生于分枝顶端，微向上内弯，表面平整光滑，呈灰绿色或浅蓝绿色，阳光充足时，叶先端为橙黄色。花簇状，黄色。

养护全指导

种植：适宜用排水、透气性良好的沙质土壤栽培。

浇水：生长期每隔10天浇水1次，干透浇透即可，不宜过多，避免根部水分淤积。

光照：喜欢阳光充足的环境，生长期可以全日照，夏季强光要适当遮阴。

温度：适宜生长温度为15～25℃，冬季温度不低于3℃。

施肥：生长季每月施1次腐熟的稀薄液肥或"低氮高磷、钾"的复合肥。

多肉小档案

别名	无
科属	景天科景天属
产地	墨西哥
花期	春季

小贴士

平时要注意及时对植株进行修剪，摘掉干枯的老叶，避免堆积造成细菌滋生。植株徒长或长得过高时，可通过修剪枝叶来控制其高度，并进行塑形。

红色浆果

多年生肉质草本植物，株型与虹之玉相似，但较为细小。叶片生长密集，一颗颗圆形、椭圆形的叶片像晶莹剔透的小浆果一样聚拢在一起，十分可爱，叶片的颜色十分丰富，有果冻色、鲜红色、粉红色、褐紫色、青绿色等。

养护全指导

种植：适用排水良好的沙壤土，也可将泥炭土、颗粒土按照1：1的比例配制。

浇水：一般可干透浇透，夏季应减少浇水的次数和分量，浇水太多可能导致叶片掉下。

光照：喜阳光充足、通风良好的环境，除盛夏要适当遮阴外，其余时间均可全日照。

温度：适宜生长温度为5～28℃，即使在冬季，只要无恶劣的天气，都可在室外养护，但温度低于5℃时要采取控水措施。

施肥：生长季每月施1次腐熟的稀薄液肥或"低氮高磷、钾"的复合肥。

多肉小档案

别名：无

科属：景天科景天属

产地：园艺培植

花期：不详

小贴士

红色浆果的繁殖方法以叶插和枝插为主，且容易成活。此外，红色浆果易爆侧芽，常形成株型美观的群生株。

乙女心

灌木状肉质植物，植株较粗壮，高达 30 厘米。叶片簇生于茎顶，叶长 3 ～ 4 厘米，肉质肥厚，呈圆柱状。叶片主要为淡绿色或淡灰绿色，新叶色浅、老叶色深，叶先端为红色，叶面覆盖有白色细粉。花黄色，较小。

养护全指导

种植：适宜疏松、肥沃、透气性好的土壤。
浇水：盆土七八分干时再浇水，忌积水，夏季少浇水，冬季逐渐断水，换盆后也不宜多浇水。
光照：喜欢温暖、干燥和阳光充足的环境，生长期可以全日照，夏季需要适当遮阴。
温度：适宜生长温度为 13 ～ 23℃。
施肥：秋季施肥 1 ～ 2 次，氮肥用量要控制好。

多肉小档案

别名：	无
科属：	景天科景天属
产地：	墨西哥
花期：	春季

小贴士

乙女心色彩艳丽、叶形优美，具有较高的观赏价值，可以放在室内或窗台上来装饰房间，也可以放在电脑桌上，清新雅致。

晚霞

多年生肉质植物，生长速度缓慢，半木质茎随着养护时间增加愈发明显。叶片呈环形紧密排列，生于老杆顶端，叶面光滑，被有白粉，叶缘为红色，薄似刀口，微向叶面翻转。叶片为微蓝粉色或浅紫粉色，新叶偏蓝，老叶美如晚霞。

养护全指导

种植： 盆土可使用泥炭土、煤渣和珍珠岩按照等比例配制的混合土，为了增加土壤的透气性，可以在土表铺上一层干净的河沙或者浮石。

浇水： 干透浇透，不干不浇水，夏季每个月浇水 3～4 次，少量在盆边给水，冬季减少浇水。

光照： 喜欢阳光充足、通风效果好的环境，生长期可以全日照。

温度： 冬季最低温度为 3℃。

施肥： 生长期每半月施稀薄液肥 1 次。

多肉小档案

别名：无

科属：景天科拟石莲花属

产地：园艺培植

花期：不详

小贴士

晚霞长得如其名字一样绚丽多姿、梦幻美丽，非常适合做盆栽，可以用来装扮客厅、办公室等，具有非常好的美化效果。

广寒宫

植株较大，茎高可达 10 厘米，直径 2～3 厘米，莲座直径可达 40 厘米。叶片长匙状，先端较尖，叶面平坦或中间凹陷，覆有白粉，呈淡紫色，叶缘红色。聚伞圆锥花序，花钟形，外部覆盖有白粉，橙色至粉色。

养护全指导

种植：适宜疏松肥沃、透气性好的土壤。

浇水：遵循"干透浇透"的原则，每个月浇水 3～4 次。

光照：喜强光，生长期可以全日照，夏季强光也不需要遮阴。

温度：冬季温度不低于 3℃。

施肥：生长期每个月施稀薄液肥 1～2 次。

小贴士

广寒宫生长速度快，消耗也较大，下部的叶片在生长过程中会积累厚厚的枯叶，这些枯叶一定要及时清理，否则容易滋生介壳虫，且闷湿易造成茎秆腐烂。

多肉小档案

别名：无

科属：景天科拟石莲花属

产地：墨西哥

花期：夏末

蓝光

多年生肉质植物。叶片紧密排列成莲座状，较薄，先端较尖，稍向内弯曲，叶心到叶尖有轻微的折痕，将叶子一分为二，叶缘有一圈淡淡的红晕。

养护全指导

种植：适宜疏松肥沃、排水透气性好的土壤。

浇水：生长期保持盆土湿润即可，不能过于频繁地浇水，夏季要节制浇水，冬季温度低于5℃时要控水，保持盆土干燥，避免冻伤。

光照：喜光，生长期可以全日照，夏季强光要适当遮阳通风，冬季可将其放在室内向阳处接受充足的光照。

温度：最低生长温度为5℃。

施肥：栽培时可先在土壤中混合充足的缓释基肥，生长期每2个月施1次肥，以液肥稀释在清水中，用液肥水将盆土浇透，施肥时不要将肥水洒在叶片上，以免烧伤叶片。

多肉小档案

别名：无

科属：景天科拟石莲花属

产地：不详

花期：不详

小贴士

蓝光的繁殖方式以叶插为主，可在其生长季节选择健康、完整、饱满的叶片进行扦插，栽培土壤要疏松透气、湿润、排水性好，等其生根发芽后便可移栽至花盆中。

沙维娜

莲座直径为8～10厘米，茎通常不长于5厘米，直径1厘米左右，分枝稀疏。叶呈倒卵形至匙形，有短尖，叶缘有白色波浪形褶皱。叶片为浅绿色或浅粉色，上有白霜。有1～2根蝎尾状聚伞花序，花萼片直立，花冠为五边形，玫红色。

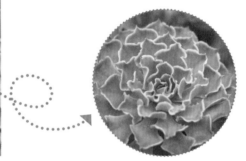

养护全指导

种植：可将泥炭土、蛭石、煤渣按照2:1:2的比例混合配制。

浇水：平时只须在植株根部四周的泥土上浇少量水，保持盆土湿润，若遇上雨天，应移至避雨处，并暂停浇水，冬季休眠期间要暂停浇水。

光照：喜充沛但不猛烈的阳光，充足的光照能维持叶片独特的颜色或斑纹，夏季强光时应适当遮阴，避免晒伤。

温度：适宜生长温度为15～25℃，冬季12℃以下会有短暂的休眠期。

施肥：每2个月施1次稀释液肥，施肥时要避开叶片，以免烧伤叶片。

多肉小档案

别名：	沙维纳、莎薇娜
科属：	景天科拟石莲花属
产地：	墨西哥
花期：	不详

小贴士

在给植物换完盆或换完土之后，不可立即浇水，应先将沙维娜放在烈日晒不到的明亮处3～5天，让植株适应之后，再放回有光照的地方，然后开始正常浇水。

白玫瑰

多年生肉质植物，中大型品种，莲座直径可达 30 厘米以上，茎秆肉质，容分枝，植株呈现由中心向外辐射生长的花朵状。叶肉质，粉绿色至粉蓝色，呈卵圆形，肥厚饱满，先端较尖，表面被有白粉，叶尖及叶缘易变红。花茎较长，由顶端的叶子间长出。

养护全指导

种植：适宜疏松肥沃、透气性好的土壤。

浇水：生长期也需要适当控制浇水量，不能过于频繁，保持土壤微湿润即可，夏季生长缓慢或停止生长，1 ~ 2 周浇水 1 次即可，冬季逐渐减少浇水甚至断水。

光照：喜欢光照充足的环境，除了夏季需要适当遮阴外，其他季节可以全日照。

温度：适宜生长温度为 16 ~ 26℃。

施肥：生长期施 1 ~ 2 次薄肥。

多肉小档案

别名：无

科属：景天科拟石莲花属

产地：园艺培植

花期：不详

小贴士

繁殖方式有播种、分株、叶插等，主要以叶插为主，在生长期选择肥厚饱满的叶片，平放在潮湿的沙土上，放置在阴凉通风处，叶面朝上，不需要覆盖土壤，10 天左右叶片基部就能长出小芽及须根，然后再进行浇水，并将根系埋入土中。

赫拉

为大和锦的杂交品种和晚霞再杂交的品种，茎秆较短，植株中等大小。叶长匙形，蓝紫色，莲座状整齐排列，表面被有白粉，叶片中肋略有凹陷，先端较尖，叶缘红色，微显扭曲。聚伞状花序腋生，花较小，呈钟形，橙红色，先端5裂。

养护全指导

种植：适宜疏松、透气的土壤，盆土可选用泥炭土或椰糠与颗粒土对半配制的混合土，可根据环境需要或养护习惯适当调整。

浇水：生长期保持土壤湿润即可，盆内不能有积水，夏季防止长时间淋雨，冬季温度低于5℃时要断水，保持盆土干燥。

光照：喜欢阳光充足的环境，生长季可以全日照，夏季注意适当遮阴。

温度：最低生长温度为5℃。

施肥：生长期施用适当的薄肥。

多肉小档案

别名：天后赫拉

科属：景天科拟石莲花属

产地：不详

花期：春末夏初

小贴士

赫拉较容易养护，在其生长季节，只要给足充足的阳光，其形态就会更加紧凑，颜色更加艳丽。光照不足时，容易造成植株徒长，叶色变绿甚至红边消失。

白菊

植株较小，茎粗壮矮小，随着生长会有侧枝长出。叶盘微小，紧密整齐地排列在茎的顶端，呈莲座状，叶片三角锥形，先端较尖，叶面分布有轻微凹痕，被有白粉，呈微蓝色至白色，白粉较湿。

养护全指导

种植： 适宜疏松、肥沃的土壤，盆土可选用泥炭土和煤渣、河沙混合配制，为增加其透气性，可在表层铺设一层干净的颗粒河沙。每 2～4 年换盆、换土 1 次。

浇水： 夏季温度高于 35℃时要断水，避免烂根，9 月中旬温度下降后逐渐恢复浇水，冬季温度低于 0℃时也要断水，避免冻伤和烂根。

光照： 喜欢阳光充足的环境，耐半阴，生长季可以全日照，夏季需要适当遮阳。

温度： 喜欢温暖的环境，不耐寒。

施肥： 可以施用适当的缓效肥。

多肉小档案

别名：无

科属：景天科仙女杯属

产地：墨西哥、美国

花期：不详

小贴士

白菊春、秋、冬三季都在生长，夏季休眠，在生长期接受充足的阳光会使叶色更加艳丽，株型更加紧凑美观，而日照太少则会导致叶色变浅，叶片拉长、排列松散。

棒叶仙女杯

多年生肉质植物，植株中等大小，茎粗壮，有分枝。叶肉质，细长针形，圆润饱满，长8厘米左右，先端急尖，簇生于枝头，疏散排列成莲座状。叶片粉白色，表面被有白粉，叶尖泛红晕。花较小，金黄色。

养护全指导

种植：适宜疏松透气、排水性好的土壤。

浇水：耐干旱，不宜浇水过多，保持盆土干燥，避免积水造成植株腐烂。

光照：喜欢阳光充足的环境，耐半阴，生长期可全日照，夏季要适当遮阴，避免晒伤。

温度：适宜生长温度为 20～28℃。

施肥：生长期每半个月施薄肥1次。

多肉小档案

别名：无

科属：景天科仙女杯属

产地：墨西哥、美国

花期：春季

小贴士

棒叶仙女杯喜欢阳光充足的环境，如果光照增加、温差增大，植株的叶尖可由绿变为红色，叶片排列更加紧密，株型更加美观，具有较高的观赏价值，可用来装饰客厅、书房、办公室等处，清新典雅。

拇指仙女杯

拇指仙女杯是仙女杯的品种之一，较为名贵。叶肉质，绿色，圆润饱满，形似拇指，非常可爱，表面被有白粉，有时会泛微微的蓝色，白粉掉落后需要很长的时间才会恢复如初。有花穗，花较小，十分漂亮。

养护全指导

种植：适宜疏松、排水性好的土壤。

浇水：生长期浇水不宜过于频繁，保持盆土湿润即可，浇水时还要避免浇到叶片上，否则会将上面的白粉冲刷掉。

光照：喜欢阳光充足的环境，耐半阴，夏季需要适当遮阴。

温度：适宜生长温度为 20 ~ 25℃。

施肥：生长期每半个月施薄肥 1 次。

多肉小档案

别名：无

科属：景天科仙女杯属

产地：不详

花期：不详

小贴士

具有不耐寒的特性，冬季需要放在温室中养护，以帮助其躲避霜冻危害，安全过冬。夏季要节制浇水，避免积水和淋雨，以免造成植株腐烂。另外，生长期还要保证阳光充足，否则易造成叶子徒长以及变软，还很容易受到真菌的侵害。

初霜仙女杯

多年生肉质植物，群生，茎粗壮、短小。叶肉质，无毛，倒匙形，先端为三角形，簇生于茎端，呈莲座状整齐排列。中心叶片为银白色微透出绿色，叶缘为大红色，叶表被有白霜。花序大，为淡绿色，小花亮黄色，数量多。

养护全指导

种植： 适宜疏松透气、排水性好的土壤。

浇水： 耐干旱，怕水湿，浇水不要太过频繁，干透再浇透，休眠期逐渐减少浇水量，避免积水造成植株腐烂。

光照： 喜欢温暖、干燥和阳光充足的环境，耐半阴，夏季要适当遮阴，防止暴晒。

温度： 适宜生长温度为 10 ～ 25℃。

施肥： 生长期每月施肥 1 次。

多肉小档案

别名：	无
科属：	景天科仙女杯属
产地：	墨西哥、美国
花期：	春季

小贴士

初霜仙女杯对光照的要求较高，除了夏季强光时需要适当遮阴外，其余时间都要有良好的光照。如果生长期长在光照充足的环境中，叶色会更加艳丽，株型也会更加紧实美观。如果长期生长在光照不足的地方，叶色会很浅，叶片也会排列松散、徒长。

仙女杯

多年生肉质草本植物，为中型植株，茎矮小粗壮。叶片剑形，先端较尖，长约12厘米，宽约2厘米，排列紧密，呈莲座状，蓝绿色，表面覆盖白粉；阳光不充足时，叶色变浅，叶片拉长，排列疏松。花较小，为金黄色。

养护全指导

种植：适宜透气性好、排水性好的盆土，可以选用泥炭土、河沙和煤渣的混合土，并在表层铺上一层干净的颗粒状河沙。每1～2年换盆、换土1次。

浇水：生长期干透后再浇水，但要避免积水，休眠期逐渐减少浇水量，保持盆土干燥。

光照：喜欢阳光充足的环境，也耐半阴，夏季强光需要适当遮阴。

温度：适宜生长温度为20～28℃。

施肥：每两周施缓效肥1次。

多肉小档案

别名：无

科属：景天科仙女杯属

产地：美国西部及墨西哥

花期：春季

小贴士

生长过程中需要温和的日照环境，夏季高温时一定要注意通风，并少浇水或者断水，春秋季逐渐恢复正常浇水即可。冬季气温如果在0℃以上，可正常浇水，若气温低于0℃，要及时断水，避免冻伤和烂根。

库珀天锦章

多年生肉质草本植物，植株矮小。叶片为长圆筒形，顶端扁平，正面平整，背面圆凸，表皮有光泽，灰绿色，上面零星分布着紫色的斑点。花序可高达 25 厘米，花的上部为绿色，下部为紫色，花冠的边缘为白色。

养护全指导

种植： 盆土可选择腐叶土、粗砂和珍珠岩的混合土，还可适量加入一些草木灰或者腐熟的骨粉。

浇水： 春秋季每两周浇水 1 次，夏季每 20 天浇水 1 次，冬季温度在 7℃以上时，保持正常浇水。

光照： 喜欢凉爽、干燥且阳光充足的环境，如果阳光不足，会影响生长。

温度： 适宜生长温度为 13 ~ 25℃，冬季温度不能低于 7℃，否则会停止生长。

施肥： 每两周施 1 次腐熟的稀薄液肥，肥料以低氮及富含磷、钾者为首选，夏季应停止施肥。

多肉小档案

别名：	无
科属：	景天科天锦章属
产地：	南非
花期：	春季

小贴士

库珀天锦章叶子的形状非常奇特，色彩也很别致，适宜栽种在小巧而较浅的花盆中，放在窗台、书桌等处，有非常好的点缀效果。

天章

多年生肉质草本植物，茎粗短，褐色，密被毛状气生根，外形较为奇特。叶肉质，绿色或带有浅褐色斑纹，呈斧形，叶缘波浪状。植株个体外型多有不同，有的叶缘发白、斑纹较明显，有的茎部气生根不发达。

多肉小档案

别名：无

科属：景天科天锦章属

产地：南非

花期：5~7 月

养护全指导

种植：配土一般用腐叶土、蛭石、粗砂或珍珠岩混合配制，可加少量的草木灰和骨粉。

浇水：生长期干透浇透，夏季节制浇水，避免积水导致植株腐烂。

光照：喜欢阳光充足的环境，生长期可全日照，夏季适当遮阴。

温度：适宜生长温度为 15 ~ 25℃，最低生长温度为 7℃。

施肥：生长期每 20 天左右施肥 1 次。

小贴士

繁殖方式主要以叶插为主，除夏季高温外，温度达到 10℃以上均可进行。选取健康、完整、饱满的叶子，在阴凉处将伤口晾干，然后平放在微湿润的土表，待其生根、发芽，过一段时间后便可进行移栽。

红蛋水泡

多年生肉质草本植物，植株小巧，十分可爱，茎矮壮，直立生长。叶子呈扁豆形，紫红色，环状簇生，无叶尖或叶尖微微凹陷，叶表有密密麻麻的坑洼状。新叶淡紫色无霜，老叶会有皲裂的白霜。总状花序，花较小，有5瓣。

养护全指导

种植：盆土可用煤渣混合泥炭土、珍珠岩，按照6：3：1的比例配制。

浇水：生长期保持土壤湿润，夏季节制浇水，避免长期淋雨，冬季少水或者断水，以防冻伤。

光照：喜欢阳光充足的环境，生长期可全日照，夏季强光需适当遮阴。

温度：最低生长温度为5℃。

施肥：生长期每月施肥1次。

多肉小档案

别名：无

科属：景天科天锦章属

产地：南非

花期：5～7月

小贴士

繁殖方式一般有枝插和叶插，可将砍下来的健康枝干直接插进干的颗粒土中，几天后给少量水即可。叶插需要选取完整、饱满的叶子，在阴凉处晾干伤口，然后将其放在微湿的土表，待其生根发芽即可。

鼓槌水泡

多年生肉质草本植物，植株小巧，非常可爱。叶对生，肉质，肥厚饱满近卵形，略有叶尖，叶尖两端棱明显，叶表布满细小的坑洼。叶片呈咖啡绿至褐绿色，光照充足、温差大时叶色会加深，变为咖红。总状花序，花朵较小，有5瓣。

多肉小档案

别名：无

科属：景天科天锦章属

产地：南非

花期：5～7月

养护全指导

种植：适宜疏松透气、排水性好的土壤。

浇水：生长期保持盆土湿润，忌积水，夏季要节制浇水，冬季保持盆土干燥。

光照：喜欢凉爽、干燥和阳光充足的环境，夏季强光需适当遮阴。

温度：最低生长温度为5℃。

施肥：生长期每月施肥1次。

小贴士

鼓槌水泡只有接受充足的阳光，叶缘和叶色才会变得艳丽多姿，株型才会更加紧实美观，叶片也会变为短圆状。若是光照不足，叶色变浅，为浅墨绿色，叶片排列松散、拉长。因此，在养护的过程中要保证光照充足。

梅花鹿水泡

多年生肉质藤本植物，植株小巧，且无法长时间直立，多葡匐状。茎上会长气根，遇到合适的土壤会重新扎根。叶互生，较肥厚，呈长卵形，先端较尖，无叶柄。叶绿色至黄绿色，表面布满红色的斑点，若阳光充足斑点颜色更深，光照不足时会变为暗绿色。总状花序，花朵较小，有5瓣。

养护全指导

种植：适宜疏松透气、排水性好的土壤，盆土可用煤渣混合泥炭土、珍珠岩配制而成，比例大约为6：3：1。

浇水：生长期保持土壤湿润，避免积水，休眠期减少浇水，保持盆土干燥。

光照：喜欢凉爽、干燥和阳光充足的环境，耐半阴，夏季需适当遮阴。

温度：最低生长温度为5℃。

施肥：生长期每月施肥1次。

多肉小档案

别名：	无
科属：	景天科天锦章属
产地：	南非
花期：	5～7月

小贴士

夏季，植株生长缓慢或停止生长，要节制浇水，并将其放在通风良好的环境中，避免暴晒和长期淋雨。冬季，梅花鹿水泡能耐室内 -4℃左右的低温，温度再低就容易出现冻伤，5℃以下时要逐渐断水，保持盆土干燥。

玛丽安水泡

多年生肉质草本植物，植株较小，茎矮壮，常呈灌木状。叶肉质，对生，梭型，长2～4厘米，先端较尖，几乎无叶柄，叶面布满细密的疣凸，叶尖略显凹陷。光照充足时叶面长满紫红色的斑点，日照少时叶色变浅。总状花序，花朵较小，先端5裂。

多肉小档案

别名：无

科属：景天科天锦章属

产地：南非

花期：5～7月

养护全指导

种植：盆土适宜选用疏松透气的泥炭土等。每2～3年换土、换盆1次，花盆直径略大于植株。

浇水：生长期保持土壤湿润，避免积水，休眠期减少浇水。

光照：喜光，生长期可全日照，夏季强光需适当遮阴。

温度：最低生长温度为5℃。

施肥：生长期每月施肥1次。

小贴士

喜欢温暖、干燥、阳光充足的环境，夏季有短暂的休眠期，在此期间，应将它放在阴凉通风的环境中，还要避免淋雨，以免造成植株腐烂。冬季温度过低易导致植株冻伤或死亡，所以要将其放在温暖的室内，并逐渐少给水或断水。

黑法师

多年生肉质草本植物，直立生长，灌木状植株可高达 1 米，分枝多。肉质茎圆筒形，浅褐色，老茎渐木质化。叶紧密排列在枝头，呈莲座状，叶片薄，为倒长卵形或倒披针形，边缘有细齿，呈暗紫色，冬季为绿紫色。总状花序，小花黄色。

多肉小档案

别名：紫叶莲花掌

科属：景天科莲花掌属

产地：摩洛哥

花期：春季

养护全指导

种植：适宜选择沙壤土、花园土，可加入适量的草木灰、骨粉或火山灰做基肥。可选用直径 10 ~ 15 厘米的花盆，每 1 ~ 2 年换盆 1 次。

浇水：生长期每两周浇水 1 次，休眠期逐渐减少浇水次数。

光照：喜欢温暖、阳光充足的环境，夏季强光时要适当遮光。

温度：适宜生长温度为 15 ~ 25℃，最低温度不能低于 9℃。

施肥：每两周施 1 次有机肥，夏季可延长至每 3 周施肥 1 次。

小贴士

株型优美、颜色艳丽，紫黑色的叶片层叠排列，就像一朵朵盛开的莲花，神秘、庄重、高贵，具有较高的观赏价值，既能用来做标本，也可做盆栽装饰房间。

圆叶黑法师

多年生肉质灌木植物，为莲花掌的栽培品种，植株较大，多分枝，茎部圆柱形，木质化。叶片肉质，较薄，倒长卵形，叶形较圆，有小叶尖，簇生于茎端，整齐排列成莲座状。叶片黑紫色，叶心绿色。圆锥花序，小花黄色。

养护全指导

种植： 适宜疏松肥沃、排水透气性好的土壤。

浇水： 生长期保持充足的水分，但要避免积水，夏季节制浇水，冬季逐渐减少浇水甚至断水，保持盆土干燥，避免烂根或冻伤。

光照： 喜欢阳光充足的环境，耐半阴，夏季需要适当遮阴。

温度： 最低生长温度为5℃。

施肥： 每个月施稀薄液肥1次。

多肉小档案

别名：无

科属：景天科莲花掌属

产地：摩洛哥

花期：春季

小贴士

圆叶黑法师颜色浓烈，株型优美、端庄，观赏性强，适合做室内景观摆放，盆栽可放置在电视、电脑旁，也可放在窗台、书案、阳台等处，起到点缀的作用。

红叶法师

多年生肉质植物，是黑法师的锦斑品种，呈灌木状，直立生长，高可达 1 米，多分枝，茎部圆筒形。叶肉质，近似菱形，先端有小尖，薄叶片在茎部顶端紧密排列成莲座状的叶盘。叶片红紫色，光照不足时叶心为绿色。花序圆锥状，十分漂亮。

养护全指导

种植：对土壤没有特殊要求，排水透气性好的沙质土壤即可。

浇水：生长期每隔 15 天左右浇水 1 次，夏季减少浇水量，冬季每 2 个月浇水 1 次，要避免积水。

光照：喜欢阳光充足的环境，稍耐半阴，生长期可全日照，夏季强光需适当遮阴。

温度：最低生长温度为 5℃。

施肥：每个月施稀薄液肥 1 次。

多肉小档案

别名：黑法师红叶锦

科属：景天科莲花掌属

产地：摩洛哥

花期：春末

小贴士

红叶法师鲜艳美丽，端庄大方，是多肉植物的盆栽佳品，一般可用来装饰书房或客厅，也可放置在窗台、阳台等向阳处，为室内增添些许生机。

紫羊绒

多年生肉质植物，多分枝，易群生。叶片倒卵形，排列成莲座状叶盘，新生叶为绿色，出状态时为紫色，叶盘中心为翠绿色，叶表光滑，叶片尖，夏季为深紫红色，生长季紫色微淡。聚伞花序，小花浅黄色。

养护全指导

种植：适宜肥沃、排水透气性好的养殖土，可用煤渣、泥炭土、
蛭石和珍珠岩混合配制，土表再铺上一层干净的天然河沙。

浇水：比较耐干旱，浇水不宜过于频繁。

光照：喜欢温暖、干燥和阳光充足的环境，稍耐半阴，夏季要适
当遮阴。

温度：最低生长温度为 -2℃。

施肥：半个月施稀薄液肥 1 次。

多肉小档案

别名：血法师

科属：景天科莲花掌属

产地：园艺培植

花期：不详

小贴士

夏季,紫羊绒的叶片有时候会长黑斑,虽然不影响其生长,
但影响其整体美观,可喷洒多灵菌,也可以在入夏的时候用
抗炭疽病的药物进行喷洒。

大叶莲花掌

　　多年生肉质植物，是玉蝶和莲花掌的杂交成品，植株矮壮，高可达 1 米，有短茎，少分枝。叶肉质，长圆状匙形，有小叶尖，莲座状整齐排列，叶面略显内凹，叶背拱起，被有白粉。叶片呈灰绿色，叶缘为红色或堇紫色。聚伞花序，小花钟形，绿白色至淡粉色。

养护全指导

种植：适宜排水性好的沙质壤土。每 1 ~ 2 年换盆、换土 1 次。
浇水：喜潮湿的环境，生长期要保证充足的水分，但盆土不能积水，干透后再浇较为适宜。
光照：喜光，耐半阴，生长期可全日照，夏季强光时要适当遮阴。
温度：最低生长温度为 5℃。
施肥：每个月施腐熟的稀薄液肥 1 次。

小贴士

　　大叶莲花掌喜欢潮湿的环境，在其生长过程中要保证水分充足，但是盆土不宜过湿，否则易造成植株腐烂或病虫害发生，要注意通风，在温暖的季节可将其放在室外培养，冬季放在冷凉处，温度不能超过 10℃。

多肉小档案

别名：无
科属：景天科莲花掌属
产地：加那利群岛
花期：夏季

小人祭

植株较小，多分枝。叶片细小，卵状，排列成莲花状，绿色，中间带有紫红斑，叶缘红色，被有少量茸毛。若光照充足，叶片颜色会更深，到了夏季休眠期，叶子会包裹起来。总状花序，小花黄色。

养护全指导

种植：适宜肥沃疏松、透气性和排水性好的土壤。

浇水：遵循"干透浇透"的原则，可适当延长浇水的间隔，有利于株型更加紧实，颜色更加艳丽。

光照：喜欢阳光充足的环境。

温度：适宜生长温度为 15 ~ 20℃。

施肥：生长期每月施稀薄液肥 1 次，休眠期少施肥或不施肥，花期在浇水时适当施肥。

多肉小档案

别名：	日本小松
科属：	景天科莲花掌属
产地：	加那利群岛
花期：	春季

小贴士

小人祭植株虽小，但生长速度很快，很容易长成一片遮住其他的多肉植物，较适合单独栽种，也可用来单独造景。

玉龙观音

多年生肉质植物，多分枝，株型较大，是莲花掌属中的巨无霸。叶生于枝顶，绿色，层层相叠，紧密排列成莲座状，叶表光滑，有小尖，叶片具有臭味，阳光越充足臭味就会越浓。

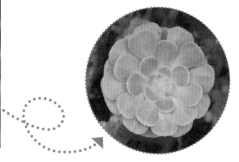

养护全指导

种植：适宜疏松、透气的沙质土壤。

浇水：生长期每周至少浇水1次，夏季2周浇水1次，避免长期淋雨，以免积水造成植株腐烂。

光照：喜欢阳光充足的环境，生长期可全日照，夏季要适当遮阴，并保持通风。

温度：对温度要求不严，夏季保持通风即可，冬季0℃照常生长。

施肥：每年施肥1~2次。

多肉小档案

别名：无

科属：景天科莲花掌属

产地：加那利群岛、马德拉群岛

花期：不详

小贴士

当皮肤被蚊虫叮咬，出现又痛又痒的现象时，摘一片玉龙观音的叶子，把汁液涂抹在患处，疼痛感便会逐渐消失。玉龙观音还具有吸附空气中有害物质及杂质的能力，净化空气的效果显著。

明镜

多年生肉质草本植物，植株矮壮，莲花状叶盘由 100 ～ 200 枚叶片组成，直径达 40 ～ 50 厘米。叶肉质，匙形，草绿色至深绿色，叶缘有白色细毛，叶片由中心向四周辐射生长，排列紧密无缝，叶盘平滑如镜。花葶为圆柱状，圆锥花序，花黄色。

养护全指导

种植： 适宜疏松肥沃、排水性良好的沙质土壤，盆土可选用园土、河沙、腐叶土等混合配制，1 ～ 2 年换盆一次。

浇水： 生长期遵循"不干不浇，浇则浇透"的原则，休眠期要节制浇水，避免盆土积水，也不能长期淋雨。

光照： 喜欢阳光充足的环境，也耐半阴，夏季高温要适当遮阳。

温度： 冬季最低温度不低于 5℃。

施肥： 每半个月左右施 1 次腐熟的稀薄液肥或复合肥。

多肉小档案

别名：无

科属：景天科莲花掌属

产地：加那利群岛

花期：春末夏初

小贴士

明镜一般种植三四年后才会开花，花茎高达 50 厘米，开花后便会死亡，所以发现有开花征兆要及时将花箭剪掉。

百合莉莉

多年生肉质草本植物，有茎，多分枝。叶片簇生于茎顶，肥厚饱满，呈匙状，绿色至粉橙绿色，紧密排列成莲花状。叶片上厚下薄，形似三角锥形，叶背略拱起，有不明显的棱。聚伞花序顶生，小花钟形，花瓣薄小，橙红色，开花后单头会死亡，可在开花前剪掉。

养护全指导

种植：适宜疏松透气、排水性好的土壤，盆土可用泥炭土或椰糠和颗粒土按等份配制的混合土。花盆直径略大于植株，每隔1～2年换盆、换土1次。

浇水：生长期可充分浇水，盆土略干时就可浇水，忌长期干透，夏季避免长期淋雨和当头浇水，防止积水造成植株腐烂。

光照：喜欢干燥、通风和阳光充足的环境，生长季节保证光照充足，夏季强光时要注意遮阴，避免晒伤。

温度：适宜生长温度为10～25℃。

施肥：生长期每月施肥1次。

多肉小档案

别名：	无
科属：	景天科莲花掌属
产地：	墨西哥
花期：	不详

小贴士

生长季节若保证充足的阳光，叶片会长得肥厚饱满，包裹得更加紧密，颜色会呈现出靓丽的橙粉绿色。若光照不足时，叶片就会变得松散，叶色全变为绿色，影响其观赏性。

艳日辉

多年生肉质植物，少分枝，叶盘呈莲座状。叶肉质，扁平卵形，先端尖，叶缘有细锯齿。叶片中央为淡黄色，边缘为橘红色或桃红色，其余部位为绿色。总状花序，小花黄白色，钟形，开花后植株会死亡。

养护全指导

种植：盆土可选用培养土、腐叶土和粗砂配制的混合土。每年春季换盆、换土 1 次。

浇水：生长期保持盆土稍湿润即可，休眠期要逐渐减少浇水，保持盆土稍干燥。

光照：喜欢阳光充足的环境，夏季强光时可以适当遮阴。

温度：生长适宜温度为 20 ~ 25℃，冬季温度不低于 5℃。

施肥：生长季节半月施肥 1 次，可用稀释的饼肥水或腐熟的稀薄液肥。

多肉小档案

别名：清盛锦

科属：景天科莲花掌属

产地：中美洲及东非

花期：初夏

小贴士

夏季天气闷热，再加上叶子含水量多，容易导致细菌感染、植株腐烂，所以，要保持良好的通风，每月喷洒 1 次多菌灵、甲基托布津等灭菌药，做好预防工作。如果植株腐烂，要及时清除，以免病菌蔓延。

艳日伞

多年生肉质植物，植株呈灌木状。叶肉质，长倒卵形，莲座状排列。叶片为深绿至淡绿色，中央有一黑褐色纵条纹，边缘为淡黄色，长满细小的锯齿，阳光充足的条件下可呈粉红色。

养护全指导

种植：适宜疏松肥沃、排水良好的沙质土壤，盆土宜选用腐叶土、
　　　园土和颗粒状的煤渣制成的混合土，可加入骨粉或草木灰。
　　　每1～2年的春季换盆、换土1次。
浇水：生长期保持盆土稍微偏干，以免积水造成植株腐烂，休眠
　　　期要节制浇水。
光照：喜欢光照充足的环境，夏季高温时要注意遮阴。
温度：冬季温度不低于5℃。
施肥：每月施1次腐熟的稀薄液肥或复合肥，液肥中的氮肥含量
　　　不宜过高。

多肉小档案

别名：	无
科属：	景天科莲花掌属
产地：	非洲
花期：	不详

小贴士

　　植株肉质茎的基部偶尔会长出莲座状的叶丛，这是一种"返祖"现象，等到它长大一些，剪下后进行扦插，可另外长成一株美丽的艳日伞。

灿烂

多年生肉质草本植物，多分枝，肉质茎呈圆柱形，灰色，表面有叶痕。叶肉质，倒卵形，聚生于枝头，整齐排列成莲座状，叶片薄，叶缘有细密的锯齿。新叶为绿色，叶缘为黄白色，成熟后先端和叶缘稍带粉红色。圆锥花序，小花淡黄色。

养护全指导

种植：适宜疏松肥沃、排水透气性好的土壤，盆土可选用腐叶土、园土、粗砂的混合土。每年9月换盆1次。

浇水：生长期保持土壤湿润即可，休眠期逐渐减少浇水，甚至可以完全断水。

光照：喜欢干燥、凉爽和阳光充足的环境，生长期可全日照，夏季强光要适当遮阴，冬季将其放在室内向阳处。

温度：冬季夜间温度保持在5℃以上，白天温度则在15℃以上。

施肥：每月施1次腐熟的稀薄液肥。

多肉小档案

别名：花叶寒月夜

科属：景天科莲花掌属

产地：加那利群岛

花期：春季

小贴士

主要繁殖方式是扦插，将带有莲座状叶丛的肉质茎上部剪下，晾晒3～5天至伤口干燥后，可选择沙土或蛭石进行扦插，并保持土壤半湿润，待其生根发芽即可。

山地玫瑰

多年生肉质草本植物，植株大小依品种不同而有所差异。叶互生，肉质，呈莲座状排列，有灰绿、蓝绿或翠绿等色，暴晒后会有红褐色斑纹出现。总状花序，花朵黄色，开花后母株死亡，小芽从基部长出。

养护全指导

种植： 适宜疏松透气且具有一定颗粒介质的土壤，可用草炭或泥炭土与蛭石、珍珠岩混合的土壤，并在表面铺一层干净的小石子或麦饭石。

浇水： 生长期保持盆土微湿润，避免淋雨和暴晒，以免造成植株腐烂。

光照： 喜光，耐半阴，生长期应给予充足的阳光，夏季高温适当遮光。

温度： 适宜生长温度为 15 ～ 25℃，冬季温度不低于 5℃。

施肥： 生长期每月施肥 1 次，可以用稀释的饼肥水，休眠期不需要施肥。

多肉小档案

别名： 高山玫瑰

科属： 景天科莲花掌属

产地： 欧洲的高山地区

花期： 春末夏初

小贴士

休眠期的山地玫瑰外围的叶子会枯萎，中心叶片则会紧紧包裹在一起，就像是一朵含苞待放的玫瑰花，进入生长期后，会渐渐展开。

黑檀汁

多年生肉质植物，茎粗壮，株型较大。叶片呈广卵形至三角卵形，先端急尖，紧密排列成莲座状，叶面光滑，叶背有龙骨状突起。叶色为灰绿色至白灰色，在光照充足的条件下叶缘和叶尖会变为黑红色，光照不足时则为浅紫红色。簇状花穗，小花钟形，浅黄色，先端红色，有5瓣。

养护全指导

种植：适宜疏松透气的土壤，盆土可用泥炭土或椰糠、颗粒土混合配制，配土比例为 3：7。

浇水：生长期可充分浇水，盆土七八分干时可浇透，但忌长期浇透，夏季要节制浇水，沿着盆边少量给水即可，并避免长期淋雨。

光照：喜欢阳光充足的环境，生长期可全日照，夏季应适当遮阴。

温度：适宜生长温度为 10 ~ 25℃。

施肥：生长期每月施肥 1 次。

多肉小档案

别名：乌木

科属：景天科拟石莲花属

产地：墨西哥

花期：冬末春初

小贴士

黑檀汁是一种较为珍贵的多肉植物，叶片形似利剑，非常具有观赏性，可制作成工艺性的盆栽，不仅能够用来装饰书案、窗台等处，还具有净化空气的作用。

魅惑之宵

多年生肉质植物，茎秆随着植株不断生长逐渐木质化。叶片呈广卵形至三角卵形，先端较尖，叶面光滑，叶背有龙骨状突起，整齐排列成莲座状。叶嫩绿色至黄绿色，出状态时，叶缘和叶尖会变为红色。簇状花穗，小花淡黄色，先端红色，有5瓣。

养护全指导

种植：适宜疏松透气、排水性好的土壤。
浇水：生长期浇水应见干见湿，但要防止积水以免造成植株腐烂。夏季要节制浇水，并避免长期淋雨，冬季逐渐减少浇水甚至断水，保持盆土干燥，避免冻伤。
光照：喜欢凉爽、干燥和阳光充足的环境，耐半阴，生长期可全日照，夏季强光要适当遮阴。
温度：最低生长温度为5℃。
施肥：生长期每月施肥1次。

多肉小档案

别名：红缘东云、口红
科属：景天科拟石莲花属
产地：园艺培植
花期：不详

小贴士

繁殖方式主要有叶插、砍头爆小崽和枝插，叶插法就是摘取完整、饱满的叶子，在阴凉处晾晒伤口，然后将其放在湿润的盆土上，待其生根发芽即可。枝插是指将砍下来的植株直接插在干的颗粒土中，生根后再浇水。

罗密欧

多年生肉质草本植物，是东云的变种。叶片肥厚饱满，呈匙形，先端尖，紧密排列成莲座状，叶面光滑。新叶为浅绿色，阳光充足、温差大时会变为紫红色。聚伞状圆锥花序，花朵较小，筒状，通常5瓣，外部粉色，内部橙色。

多肉小档案

别名：金牛座

科属：景天科石莲花属

产地：墨西哥

花期：春季、夏季

养护全指导

种植：适宜排水、透气性良好的沙质土壤，可用1份腐叶土、1份沙土和1份园土配制成混合土进行栽培。每1～2年在春季换盆一次。

浇水：10天左右浇水1次，每次要浇透。

光照：喜欢阳光充足的环境，但也耐半阴，生长期可以全日照。

温度：适宜生长温度为10～25℃。

施肥：每月施磷钾为主的薄肥1次，不宜过多。

小贴士

换季时，易出现粉蚧、介壳虫、蚜虫、白粉病等虫害。所以，在种植前要对土壤进行高温杀菌；种植时若出现虫害，且数量过多时可使用市面上常见的低毒高效杀虫剂。

弗兰克

多年生肉质植物，是相府莲和卡罗拉的杂交品种，植株较小。叶片自基部长出，肉质肥厚饱满，呈匙形，先端较尖，紧密排列成莲座状。叶片呈浅黄色透着鲜红至深红色，叶尖红褐色，叶背有龙骨状拱起。

养护全指导

种植：适宜疏松透气、排水性好的土壤。

浇水：生长期保持盆土稍微湿润即可，忌积水，休眠期逐渐减少浇水，保持盆土干燥。

光照：喜欢阳光充足的环境，耐半阴，生长期可以全日照，夏季强光需要适当遮阴。

温度：适宜生长温度为 10 ~ 25℃。

施肥：每月施以磷钾为主的薄肥 1 次。

多肉小档案

别名：无

科属：景天科拟石莲花属

产地：美国

花期：春季、秋季

小贴士

弗兰克的叶片从艳红到浅红、橘红不等，给人以鲜艳浓烈的特殊美感，具有很高的观赏性，与景天科的其他多肉植物组合效果绝佳，可放置在阳光充足、通风良好的室内做点缀。

天狼星

多年生肉质植物，为冬云的培育品种，茎粗壮。叶肉质，广卵形，先端较尖，紧密排列成莲座状。叶片光滑，灰绿色至白绿色，叶缘微微泛红，叶背微凸起呈龙骨状。簇状花穗，小花微黄色，有5瓣。

养护全指导

种植：适宜疏松透气、排水性好的土壤，盆土可用煤渣混合泥炭土、珍珠岩配制，比例大约为 5：4：1。

浇水：生长期保持土壤湿润，避免积水，休眠期要节制浇水，保持土壤干燥。

光照：喜欢凉爽、干燥和阳光充足的环境，耐半阴，生长期可以全日照。

温度：最低生长温度为 4℃。

施肥：每个月施肥 1 次。

多肉小档案

别名：无

科属：景天科拟石莲花属

产地：园艺培植

花期：夏季

小贴士

繁殖方式有播种、叶插和枝插等。播种速度较慢。叶插法是选取完整、健康的叶子，在阴凉处晾干伤口，然后放在湿润的土表，待其生根发芽即可。枝插法是直接将砍下来的植株插在干燥的颗粒土中，等其生根后再逐渐增加浇水量。

胜者骑兵

多年生肉质草本植物，为东云系列品种之一，植株可高达 30 厘米。叶肉质，扁平狭长，先端较尖，直立生长，略向中心靠拢，呈莲座状整齐排列。叶片绿色，阳光充足时会泛红色，叶尖颜色深至近黑色。花茎细长，小花倒钟形，有 6 瓣，橙红色，先端和内部偏黄色。

养护全指导

种植：适宜疏松肥沃、排水透气性好的土壤。

浇水：生长期盆土七八分干时再浇透，夏季要节制浇水，避免积水造成根部腐烂。

光照：喜欢阳光充足的环境，生长期可全日照，夏季强光时要适当遮阴。

温度：适宜生长温度为 10 ~ 25℃。

施肥：每个月施以磷钾为主的薄肥 1 次。

多肉小档案

别名	新圣骑兵
科属	景天科拟石莲花属
产地	园艺培植
花期	春季

小贴士

胜者骑兵在生长过程中消耗速度较快，下部叶片容易变成枯叶，一定要注意及时去除枯叶，否则枯叶积累过多容易导致通风不畅，从而造成植株下部腐烂。

凝脂莲

多年生半灌木，易群生，多分枝。叶互生，匙形，莲座状紧密排列，叶面光滑平坦，被有白粉，叶背微有隆起。叶片呈翠绿色或嫩绿色，阳光充足时会变为浅绿色或黄绿色，叶尖有小红点。小花白色，花蕊粉红色。

养护全指导

种植： 适宜透气、排水良好的沙质壤土，可用腐叶土、沙土和园土按照等比例混合配制。花盆直径略大于植株，每 1 ~ 2 年在春季换盆 1 次。

浇水： 生长期每 10 天左右浇水 1 次，干透浇透，切忌积水，以免造成植株腐烂。

光照： 喜光，在生长期保证充足的阳光，夏季强光时适当遮阴。

温度： 适宜生长温度为 15 ~ 25℃，冬季温度不低于 5℃。

施肥： 每月施以磷钾为主的薄肥 1 次。

多肉小档案

别名：乙姬牡丹、峡谷景天

科属：景天科景天属

产地：墨西哥

花期：春季

小贴士

常见虫害为介壳虫，多见于根部和植株中心，可喷洒护花神或灌根灭杀，也可将患虫害的根部直接减掉。病害以黑腐病为主，要将其与其他植物隔离，并将腐烂部位剪掉。

罗琦

多年生草本植物，直立斜生，葡萄状，可高达 25 厘米，茎半木质化。叶肉质，肥厚饱满，为圆卵形，在茎顶紧密排列成莲座状，表面被有白粉。叶片一般为蓝绿色，阳光充足时会逐渐变为橙红色，叶尖变为深红色。

养护全指导

种植：适宜疏松多孔、排水透气性好的土壤。

浇水：生长期每个月浇水 3 次，保持土壤湿润即可，在凉爽的晚上浇水，浇过水后要注意通风，以免潮湿闷热造成植株腐烂。

光照：喜欢温暖、干燥、通风和阳光充足的环境，耐阴，夏季强光需要适当遮阴。

温度：适宜生长温度为 0 ~ 30℃。

施肥：生长期每个月施肥 1 次。

多肉小档案

别名：	无
科属：	景天科景天属
产地：	园艺培植
花期：	夏季

小贴士

罗琦株型奇特，叶形圆润可爱，叶色艳丽多姿，具有较高的观赏价值，非常适合用来制作中型盆栽。盆栽可放置在阳台、窗台、书桌等处，既能净化空气，又能起到装饰的作用，清新淡雅，赏心悦目。

春萌

多年生肉质灌木，植株矮壮。叶肉质，长卵形，呈莲座状排列，叶尖圆润，如同孩子的指尖一样可爱。叶片为绿色至黄绿色，光照充足时叶尖会泛红色，若光照不足时叶片只有绿色。总状花序，小花数量较多，呈钟形，白色。

养护全指导

种植： 盆土可用泥炭土和珍珠岩按照 3：2 的比例混合配制，还可添加少量骨粉。

浇水： 生长期可充分浇水，夏季休眠期要控制浇水，也要避免长期淋雨，以免积水导致植株腐烂。

光照： 喜欢干燥、通风、阳光充足的环境，生长期可全日照，夏季高温时需适当遮阴。

温度： 适宜生长温度为 15 ~ 28℃，冬季温度不低于 5℃。

施肥： 生长期每月施肥 1 次。

多肉小档案

别名：无

科属：景天科景天属

产地：不详

花期：春季

小贴士

春萌生命力顽强，对环境的适应能力较强，耐寒、耐旱，非常容易种植，可以选择露养或者半露养，保证有充足的阳光，以免其徒长。另外，喷药时要格外注意，不要喷到叶片上，以免叶片黄化化水。

天使之泪

多年生肉质草本植物，肉质茎直立，多分枝。叶片呈卵形，肥厚饱满，翠绿色至嫩黄绿色，环生于枝干顶端，叶面光滑，带有白粉。新叶色浅，有浅棱，老叶色深，较为圆润。花簇状，数量多，小花黄色，呈钟形。

养护全指导

种植： 适宜疏松、透气性和排水性好的土壤。

浇水： 生长期盆土将要干透时再浇透水，夏季适当减少浇水，切忌盆内积水。

光照： 喜欢阳光充足的环境，除了夏季需要适当遮阴外，其余时间可以全日照。

温度： 适宜生长温度为 10 ~ 32℃。

施肥： 可将颗粒状缓释肥放在土壤表面，让它自己慢慢吸收。

多肉小档案

别名：圆叶八千代、美人之泪

科属：景天科景天属

产地：墨西哥

花期：秋季

小贴士

繁殖方式有枝插和叶插，在生长季节剪取健壮的植株基部萌发的芽，于阴凉处将伤口晾干后，扦插在赤玉土中。也可通过人工授粉的方法获取种子，种子成熟后随采随播，然后选取品质优良的小苗进行移栽。

柳叶莲华

多年生肉质植物，为乙女心和静夜的跨属杂交品种，植株小型，群生。叶肉质，轮生，披针形或手指状，呈放射状排列。叶片为浅绿色，被有薄粉，光照充足时会变成果冻色，叶尖变成红色。聚伞花序，小花星状，黄色。

养护全指导

种植： 适宜疏松透气、排水性好的土壤。

浇水： 生长期一般每月浇水不少于 2 次。夏季高温时应控制浇水，并避免长期淋雨，冬季逐渐减少浇水甚至断水。

光照： 喜欢光照充足的环境，耐半阴，生长期可全日照，夏季要注意适当遮阴、通风。

温度： 适宜生长温度为 10 ~ 30℃。

施肥： 根据其生长需要适当施肥即可。

多肉小档案

别名： 胡美丽

科属： 景天科景天石莲属

产地： 园艺培植

花期： 春季

小贴士

繁殖方式主要有叶插和枝插，其中，叶插需要从健壮的植株上摘取完整、饱满的叶子，在阴凉处进行晾晒，等伤口处干燥后放在湿润的盆土上，等长出须根便可将其埋入土中，并逐渐增加浇水量。

橙梦露

多年生肉质植物，为芙蓉雪莲的变种，植株中小型。叶肉质，十分肥厚，呈匙形，叶片紧紧包裹在一起，呈莲座状，叶面微向内凹陷，叶背略有拱起。叶片一般为白粉绿色，叶尖、叶缘泛橙红色，叶表覆盖的粉末掉后很难再生。

养护全指导

种植：适宜疏松透气、排水性好的土壤，盆土可用泥炭土、蛭石和珍珠岩混合配制。

浇水：生长期可遵循干透浇透原则，夏季要节制浇水，避免积水造成植株腐烂，冬季要逐渐减少浇水，保持土壤干燥。

光照：喜欢干燥、通风和阳光充足的环境，生长期可全日照，夏季强光需要适当遮阴，并保持通风。

温度：适宜生长温度为 10 ~ 25℃。

施肥：生长期每月施肥 1 次。

多肉小档案

别名：	无
科属：	景天科拟石莲花属
产地：	园艺培植
花期：	不详

小贴士

橙梦露在生长过程中，如果光照不足，易出现徒长，叶片会拉长变薄，植株会变得松散。如果阳光充足、温差较大的话，其叶片会变为橙色，植株包裹得更加紧密。

新玉缀

叶片圆润饱满，不弯曲，叶端圆形，长约1.5厘米。叶表面覆盖有薄薄的白粉，浇水时要注意不要浇到叶片上，否则白粉易脱落。叶片不会张开呈花状，会长得很长，包裹着枝条，渐成螺旋状。

养护全指导

种植：适宜排水良好的土壤，盆土可以用粗砂和培养土混合，或培养土、蛭石加粗砂混合，或者直接用仙人掌专用土。

浇水：每隔一个月浇透水1次，以花盆底孔开始滴水为准，切忌盆内积水。

光照：喜光，尤其喜欢昼夜温差大的环境。

温度：适宜生长温度为10～32℃。

施肥：不宜施氮肥，每个月可施淡淡的液态钾肥和磷肥1次。

多肉小档案

别名：维州景天、新玉串

科属：景天科景天属

产地：墨西哥

花期：春季

小贴士

新玉缀植株匍匐生长，可将其悬挂垂直生长，生长期将它放在阳光充足的地方，叶片会长得紧密、饱满，看起来更加美观，若是放在光线不足的地方，只会徒长。

雪莲

多年生肉质草本植物，植株较小，有短茎。叶片肉质，肥厚宽大，呈倒卵形，先端钝圆或微尖，紧密排列成莲座状。叶面略有凹陷，呈灰绿色，被有浅蓝色或白色霜粉，阳光充足时变为浅粉色或粉紫色。总状花序，小花倒钟形，带有白粉，有5瓣，红色或橙红色。

养护全指导

种植：适宜疏松、排水透气性好的土壤，盆土可用腐叶土或草炭土、河沙或蛭石、园土、炉渣混合配制。每隔1～2年换盆、换土1次。

浇水：生长期遵循"干透浇透"的原则，避免因积水而造成根部腐烂，也要避免长期淋雨，防止将叶面上的白粉冲掉。

光照：喜欢凉爽干燥、阳光充足的环境，夏季强光时要注意遮阴。

温度：适宜生长温度为5～25℃。

施肥：生长期每20天左右施1次腐熟的稀薄液肥或"低氮高磷钾"复合肥。

多肉小档案

别名：	无
科属：	景天科石莲花属
产地：	墨西哥
花期：	初夏至秋季

小贴士

雪莲株型美观，叶色白润，叶形精致，仿若一朵盛开的莲花，晶莹剔透、圣洁高雅，如同天然雕琢的精美工艺品。盆栽可放置在光线充足的阳台、窗台等处，清新淡雅，令人耳目一新。

芙蓉雪莲

多年生肉质草本植物，为雪莲杂交而来的品种，植株较大，呈莲座状。叶片肉质，扁平状，倒卵形，有小叶尖，表面被有白粉。叶片在光照充足、温差较大的情况下会出状态，整株会变为粉红色，十分可爱、迷人。

养护全指导

种植： 适宜疏松、透气的土壤，盆土可用煤渣、火山石、草木灰、河沙、园土和珍珠岩混合配制。每隔1～2年换土、换盆1次。

浇水： 生长期每月浇水1次，遵循"干透浇透"的原则，夏季可逐渐减少浇水，保持土壤干燥。

光照： 喜欢通风、干燥和阳光充足的环境，生长期可全日照，夏季强光需适当遮阴。

温度： 适宜生长温度为10～25℃。

施肥： 生长期每20天左右施1次腐熟的稀薄液肥或"低氮、高磷钾"复合肥。

多肉小档案

别名：无

科属：景天科石莲花属

产地：园艺培植

花期：不详

小贴士

若盆土存在积水状况或植株中心部位积水，都极易造成根部或植株腐烂，可在养护过程中注意改善环境和养护方法，做好预防。在通风不畅、潮湿闷热的环境中易引起虫害，可通过喷洒药物及时进行防治。

雪天使

多年生肉质草本植物，植株中型，单生。叶对生，肉质，肥厚饱满，呈匙形，紧密排列成莲座状。叶片微向内凹，叶背拱起，先端微尖，叶表被有一层厚厚的白粉，如同精美的工艺品。

养护全指导

种植： 适宜疏松透气、排水性好的土壤。

浇水： 生长期每月浇水 1 次，保持盆土湿润即可，夏季要节制浇水，避免长期淋雨，以免积水造成根部腐烂。

光照： 喜欢阳光充足的环境，耐阴，夏季高温需要适当遮阴。

温度： 适宜生长温度为 10 ~ 25℃。

施肥： 生长期每月施肥 1 次。

小贴士

夏季进入休眠期，这时要少浇水或者不浇水，若高温时浇水，可能会导致植株烂根，一般等到 9 月中旬天气渐凉后，再慢慢恢复浇水。冬季可以不浇水，保持盆土干燥就可使其安全过冬。

多肉小档案

别名：	无
科属：	景天科石莲花属
产地：	未知
花期：	不详

福娘

多年生肉质灌木，植株较大，高可达 60 ~ 100 厘米，茎秆呈灰绿色，圆筒状。叶肉质，尖细狭长，宽 2 厘米，长 4 ~ 4.5 厘米，呈扁棒状，对生，先端有小尖。叶片为灰绿色，叶尖和叶缘为紫红色，表面被有白粉。花管状，红色或淡黄红色。

养护全指导

种植：盆土一般可用泥炭土、蛭石和珍珠岩混合配制。花盆直径要大于植株。

浇水：生长期浇水遵循"干透浇透"原则，夏季要节制浇水，避免积水造成植株腐烂，冬季保持盆土干燥。

光照：喜欢凉爽、通风和光照充足的环境，生长期可全日照，夏季强光需遮阴。

温度：适宜生长温度为 15 ~ 25℃，冬季温度不低于 5℃。

施肥：生长期每月施肥 1 次。

多肉小档案

别名：丁氏轮回

科属：景天科银波锦属

产地：南非、纳米比亚

花期：夏末、秋季

小贴士

福娘叶形独特、优美，叶色多彩、梦幻美丽，具有很高的观赏价值，非常适合制作成多肉盆栽。盆栽可放在电视、电脑旁，书桌、窗台上，不仅能起到装饰的作用，还能起到愉悦心情的作用。

乒乓福娘

多年生肉质灌木植物，为福娘的园艺品种，茎直立，圆筒形。叶对生，灰绿色，扁卵形至圆卵形，表面被有白粉，叶缘和叶尖易泛红，叶间常有一条红线出现。聚伞状圆锥花序，花梗较长，花生于花梗顶端，钟形，橙红色。

养护全指导

种植：盆土可用煤渣混合泥炭土、珍珠岩，按照6：3：1的比例配制。每2～4年换盆1次，初春第一次浇水前换盆。

浇水：生长期需要保持盆土湿润，夏季每月浇水2次，但要避免盆内积水。

光照：喜欢光照充足的环境，夏季强光要适当遮阴。

温度：冬季温度不低于5℃。

施肥：每月施稀薄液肥1次。

多肉小档案

别名：	无
科属：	景天科银波锦属
产地：	南非
花期：	初夏

小贴士

繁殖方式有砍头扦插和分株，也可以采用叶插的繁殖方式。可直接将剪下的健康枝条插在微微湿润的沙土上，也可将叶片平铺在土壤表面，保持阴凉通风的环境就行，慢慢就会长出新叶。

达摩福娘

多年生肉质植物，易生侧芽，多匍匐状生长，茎秆易木质化。叶肉质，椭圆形，圆润饱满，有叶尖，表面被有白粉。叶片淡绿色或嫩黄色，光照充足时会变红，散发出甜香味。小花钟形，暗红色。

养护全指导

种植： 盆土可用泥炭土、蛭石和珍珠岩的混合土。花盆直径略大于植株，每1～2年换盆、换土1次。

浇水： 生长期干透浇透，夏季要节制浇水，冬季保持盆土干燥。

光照： 喜欢阳光充足、凉爽通风的环境，耐半阴，生长期可全日照，夏季强光要适当遮阴。

温度： 适宜生长温度为15～25℃，冬季最低温度为5℃。

施肥： 生长期每月施肥1次。

多肉小档案

别名：丸叶福娘

科属：景天科银波锦属

产地：纳米比亚

花期：春末夏初

小贴士

繁殖方式一般以扦插为主，生长期从健康的植株上摘取叶片肥厚、茎节短的插穗，以顶端茎节最佳，有5～7厘米长，在阴凉处将伤口晒干后直接插入沙床中，等其生根后5～10天就可盆栽。

巧克力线

多年生肉质小灌木，株型较大，高可达 50 ~ 120 厘米。叶互生，肉质，纺锤形至倒卵状匙形，先端钝尖，叶表覆盖有蓝灰色粉状蜡质涂层，叶缘呈紫红色，形似巧克力色的线。花茎长可达 60 厘米，小花钟形管状，下垂。

养护全指导

种植：适宜疏松肥沃、排水透气性好的沙质土壤。

浇水：不耐湿，要注意排水，避免积水造成植株腐烂，夏季要避免淋雨。

光照：喜欢阳光充足的环境，生长期可全日照，夏季需适当遮阴。

温度：适宜生长温度为 12 ~ 30℃，最低生长温度为 5℃。

施肥：每半个月施 1 次稀薄液肥。

多肉小档案

别名：	无
科属：	景天科银波锦属
产地：	南非
花期：	冬季

小贴士

巧克力线有冷凉季节生长、夏季高温休眠的习性，除夏季外其他季节生长比较迅速，而且容易生长侧芽，可以通过扦插法来进行繁殖，将选取好的分枝插入沙床中，等其生根后便可逐渐增加浇水次数。

熊童子

多年生肉质草本植物，植株呈小灌木状，多分枝，茎为深褐色。叶互生，肉质，绿色，卵形，长2～3厘米，表面密生白色短毛，叶端有爪样齿，阳光充足时，叶端齿呈现红褐色，就像小熊的脚掌。总状花序，小花黄色。

养护全指导

种植：适宜中等肥力、排水性好的沙质土壤，盆土可用粗砂、园土和腐叶土混合配制。每1～2年换盆1次，初春头次浇水前进行。

浇水：夏季高温时逐渐减少浇水，防止因盆土潮湿造成根部腐烂，冬季浇水视温度和光照等情况而定，若光照不足则要避免盆土过湿。

光照：喜光，生长期可全日照，夏季强光需适当遮阴。

温度：最低生长温度为5℃。

施肥：每月施1次腐熟的稀薄液肥或复合肥。

多肉小档案

别名：	熊掌、绿熊
科属：	景天科银波锦属
产地：	纳米比亚
花期：	秋季

小贴士

熊童子发生介壳虫和粉虱虫害时，可以用40%氧化乐果乳油1000倍液喷杀。病害主要有萎蔫病和叶斑病，可用50%克菌丹800倍液喷洒。

白熊

多年生肉质草本植物，为熊童子的锦斑品种，植株矮小，多分枝。肉质叶交互对生，呈匙形或倒卵形，叶端长有爪样齿。叶片呈浅绿色，两边长有白色的锦斑，表面被有密集的白色短绒毛，光照充足时叶端的爪齿会变为红色。总状花序，花微红色。

养护全指导

种植：适宜排水性良好的颗粒土壤，盆土可用粗河沙、蛭石、煤渣、园土和珍珠岩混合配制。

浇水：生长期保持盆土湿润，休眠期要适当减少浇水。

光照：喜欢阳光充足的环境，生长期可以全日照，夏季高温要适当遮阴。

温度：最低生长温度为5℃。

施肥：每个月施1次腐熟的稀薄液肥。

小贴士

夏季温度超过33℃时，白熊植株基本停止生长，这个时候要减少浇水，防止因盆土过于潮湿引起黑腐病，同时要加强通风，并防止烈日暴晒。

黑莓

　　多年生肉质草本植物，直立或斜生，老茎木质化。叶片长圆形，圆润饱满，紧密环生在枝干上，整体为莲花状。叶色通常为绿色，但会随着状态不同偏蓝色或者偏橙色，叶尖颜色随着叶片颜色而有所变化，红色至红得发黑。小花星状，有5瓣，白色带有红点。

多肉小档案

别名：无

科属：景天科风车草属

产地：园艺培植

花期：夏季

养护全指导

种植：适宜疏松肥沃、透气排水性好的土壤。

浇水：盆土干透后再浇透，夏季需要节制浇水。

光照：喜欢光照充足的环境，夏季高温需适当遮阴，避免晒伤甚至晒死。

温度：适宜生长温度为 10 ~ 30℃。

施肥：每个季度施用长效肥 1 次。

小贴士

　　黑莓在夏季养护时要注意遮阴控水，光照过强易造成植株晒伤或晒死。除夏季外，其他季节要保证充足的阳光，这样植株会长得更加紧凑，颜色也更加美丽。

蓝豆

多年生肉质草本植物，植株小巧玲珑，非常迷人。叶片呈长圆形，较为光滑，环状对生，向上向内紧密聚拢，叶面被有白粉，先端较尖，叶尖为微红褐色。簇状花序，花朵星状，有 5 瓣，红白相间。

养护全指导

种植：喜欢富含腐殖质的沙壤土，可用腐叶土、河沙、园土和炉渣按照 3：3：1：1 的比例混合配制成盆土，还可掺入少量的骨粉。

浇水：干透浇透，休眠期节制浇水。

光照：喜欢光照充足的环境，生长期要保证充足的光照，夏季高温时适当遮阴，避免暴晒。

温度：适宜生长温度为 15 ~ 25℃，冬季温度不低于 5℃。

施肥：生长季节每 20 天左右施 1 次腐熟的稀薄液肥或低氮高磷钾的复合肥。

多肉小档案

别名：无

科属：景天科风车草属

产地：墨西哥

花期：春末夏初

小贴士

蓝豆缓根比较慢，种植前将须根全部去掉，只留下主根，然后在潮土中种下，并放在通风处，在此期间不要浇水，以免盆土过湿造成根部腐烂，等到根长出来后，再逐渐增加浇水量。

绿豆

多年生肉质植物，植株较小，直立群生。叶肉质，浑圆饱满，倒卵形，前端钝圆，叶面被有白粉，叶片绿色，若阳光充足时会变成粉红色，叶尖变为红褐色，若非常出状态时整个植株会成为粉紫色。

养护全指导

种植：适宜疏松透气、排水性好的沙质土壤。

浇水：干透浇透，避免盆内积水，夏季温度高于35℃时要严格控水，每月2～3次沿着盆壁给少量水即可，冬季温度低于5℃时要控水甚至断水，避免冻伤。

光照：喜欢凉爽、干燥和阳光充足的环境，生长期可以全日照，夏季高温需适当遮阴。

温度：适宜生长温度为10～25℃。

施肥：生长期可以多施肥，若没有专业肥料，也可将破碎的鸡蛋壳放在土里。

多肉小档案

别名：无

科属：景天科拟石莲花属

产地：墨西哥

花期：春末夏初

小贴士

繁殖方式有分株、砍头、叶插等，以叶插为主，在健康植株上选取完整、饱满的叶子，在阴凉处晾晒几天，然后平放在湿润的盆土上，等长出须根后再将须根埋入土中，随后逐渐增加浇水量。

汤姆漫画

多年生肉质植物，植株呈灌木状，直立群生，老茎本质化，易生侧芽。叶片肉质，卵形，簇生于枝头，先端有小叶尖。叶绿色，阳光充足时株型紧凑，叶片呈红褐色，被有白粉；花萼肥厚，花瓣大，呈棕红色。

养护全指导

种植： 适宜疏松肥沃、排水透气性好的土壤，盆土可用泥炭土或椰糠、颗粒土、蛭石等混合配制。

浇水： 生长期可充分浇水，盆土七八分干时可浇透，忌盆土长期干透，雨季也要避免长期淋雨，以防积水烂根。

光照： 喜欢光照充足的环境，生长期可全日照，夏季高温需要适当遮阴。

温度： 适合生长温度为 15 ~ 28℃。

施肥： 每月施有机液肥 1 次。

多肉小档案

别名：漫画汤姆

科属：景天科景天属

产地：墨西哥

花期：夏季、秋季

小贴士

繁殖方式以叶插较为常见，出芽率高。可在春季或秋季摘取健康、完整、饱满的叶片，放在疏松、潮湿的土壤上，等到出根后再埋入土中，并逐渐加强浇水力度。

婴儿手指

多年生肉质草本植物，植株匍匐至下垂，茎独生或从基部分枝。叶互生，肥厚圆润，半圆柱状，先端有小尖，整体呈螺旋状紧密排列。叶片为蓝绿色至红绿色，阳光充足时粉红色更为明显，叶表被有微量白粉。蝎尾状聚伞花序，花冠近钟形。

养护全指导

种植：适宜疏松肥沃、排水透气性好的土壤。

浇水：生长期遵循"干透浇透"的原则，冬季要减少浇水，避免冻伤。

光照：喜欢干燥、通风和阳光充足的环境，生长期可全日照，夏季强光时要注意遮阴、通风。

温度：最低生长温度为3℃。

施肥：生长期每月施肥1次。

多肉小档案

别名：无

科属：景天科厚叶草属

产地：墨西哥

花期：夏季

小贴士

繁殖方式有枝插、叶插等，主要以叶插为主，选取生长状况良好的叶片，将其掰下，在阴凉处放置3~5天后，平放在潮湿的盆土上，叶面朝上，10~20天就可长出须根及小芽，然后将根部埋入土中，并及时浇水。

桃蛋

多年生肉质植物，植株较小，多分枝，茎为粉红色至黄褐色。叶片肉质，圆润饱满，卵形，轮生，先端钝圆。叶片通体为淡紫色，叶表被有厚厚的白粉，随着叶子变老，逐渐变为绿色。花红色或者橙色，先端5裂，有明显的条纹。

养护全指导

种植：适宜疏松、排水透气性好的土壤。

浇水：生长期水分要充足，保持盆土湿润，避免积水，夏季和冬季要适当控水，保持土壤干燥。

光照：喜光，耐半阴，生长期可以全日照，夏季高温时需要适当遮阴。

温度：适宜生长温度为10～20℃。

施肥：生长期每月施肥1次，春秋两季可以喷几次多效唑防止徒长。

多肉小档案

别名：桃之卵

科属：景天科风车草属

产地：墨西哥

花期：初夏

小贴士

桃蛋是冬型种的多肉，除了夏季休眠期需要适当控水遮阴外，其他季节都要保证充足的阳光，这样植株才会呈现出迷人的粉红色。

艾伦

多年生肉质植物，植株较小。叶肉质，圆润丰满，卵形，扁圆状，先端微尖，簇生于枝端。叶片为青绿色，阳光充足时变为粉红色，十分美丽。聚伞花序，小花星状，白色，带有点状花纹，有5瓣，放射状展开。

养护全指导

种植： 适宜疏松透气、排水性好的土壤，盆土可用椰糠、赤玉土、火山岩等混合配制。

浇水： 生长期每两周浇水1次，冬季减少浇水量，每月浇水1次，避免冻伤。

光照： 喜欢阳光充足的环境，生长期可以全日照，夏季要适当遮阴，冬季将其移到室内向阳处。

温度： 最低生长温度为5℃。

施肥： 生长期每月施肥1次。

多肉小档案

别名：无

科属：景天科风车草属

产地：园艺培植

花期：春末夏初

小贴士

艾伦具有春秋季生长、夏季高温休眠的习性，夏季气温高于35℃时就需要适当遮阴，保持通风，并避免长期淋雨，以防积水造成植株腐烂。冬季低温要控水，将其放在温暖、阳光充足的环境里安全过冬。

奶酪

多年生肉质草本植物，易群生，生长速度较慢。叶片肉质，圆润饱满，顶端有一个很可爱的小尖，叶表被有白粉，但比桃之卵和桃美人的粉要薄。出状态时奶酪会变为橙粉色、橙黄色、奶黄色、粉紫色等，色彩绚丽，非常好看。

养护全指导

种植：适宜疏松透气、排水性好的土壤。

浇水：生长期需要充足的水分，要保持土壤湿润，夏季要节制浇水，冬季逐渐减少浇水甚至断水，保持盆土干燥以免根部冻伤。

光照：喜欢阳光充足的环境，还可接受较为强烈的光照。

温度：最低生长温度为5℃。

施肥：生长期每月施肥1次。

多肉小档案

别名：亚美奶酪

科属：景天科风车草属

产地：墨西哥

花期：不详

小贴士

奶酪株型、颜色俱佳，玲珑可爱，具有较高的观赏性，而且也较为容易养护，适合一般的家庭种植，其小巧精致的身姿可起到点缀环境的作用。

三日月美人

多年生灌状肉质植物，茎直立，可高达20厘米，老茎木质化，浅褐色略带黄色。叶肉质，肥厚饱满，卵形，先端有小尖，在枝端紧密排列成莲座状。叶片为蓝绿色，叶缘有粉红色至紫红色晕圈，叶表被有白色蜡质涂层。小花猩红色，倒钟形。

养护全指导

种植：适宜排水良好、富含矿物质的土壤。

浇水：生长期保证充足的水分，夏季要节制浇水，可在盆边浇少量水。

光照：喜光，生长期可全日照，夏季高温时适当遮阴。

温度：最低生长温度为0℃。

施肥：生长期每月施薄肥1次。

多肉小档案

别名：无

科属：景天科厚叶草属

产地：园艺培植

花期：冬季至春季

小贴士

繁殖方式通常有叶插法和分株法，以叶插法为主，在其生长期摘取健康、饱满的叶片，在阴凉处进行晾晒，等伤口干后放在湿润的盆土上，叶片长出须根后可埋入土中，再逐渐增加浇水量。

青星美人

多年生肉质草本植物，植株小型，茎部短小。叶片肥厚，呈匙形，排列较为稀疏，叶面光滑带有白粉，叶缘圆弧状，先端尖，阳光充足时叶缘和叶尖为红色，弱光时叶色浅绿。簇状花序，花梗长，花红色，倒钟形，有5瓣。

多肉小档案

别名：一点红、红美人
科属：景天科厚叶草属
产地：墨西哥
花期：夏季

养护全指导

种植： 适宜疏松、排水透气性好的土壤，可用泥炭土、珍珠岩和煤渣按等比例配制，并在土表铺一层干净的河沙或浮石。

浇水： 盆土干透后再浇透，休眠期逐渐减少浇水。

光照： 喜欢温暖、干燥和光照充足的环境，可以全日照，夏季高温时需要适当遮阴。

温度： 最低生长温度为5℃。

施肥： 生长期每月施薄肥1次。

小贴士

青星美人若一直养着不砍头，植株的老杆会长得很长后才分枝，为了使其更加漂亮，可以在其长得差不多的时候砍头，这样容易萌发侧芽，植株群生后更加美丽。

桃美人

多年生肉质草本植物，直立生长，茎短粗。叶肉质，互生，倒卵形，叶片背面圆凸，先端平滑钝圆，表面被有白粉，颜色红润，略带淡紫红色。花序较矮，花倒钟形，红色，串状排列。

养护全指导

种植：适宜排水性好且比较肥沃的沙壤土。花盆直径 15 ~ 20 厘米，每年春季换盆、换土 1 次。

浇水：生长期遵循"干透浇透，不干不浇"的原则，夏季要节制浇水，保持盆土稍干。

光照：喜欢温暖、阳光充足的环境，生长期可以全日照。

温度：适宜生长温度为 18 ~ 22℃，冬季温度不低于 10℃。

施肥：每年施 1 次腐熟的稀薄液肥。

多肉小档案

别名：无

科属：景天科厚叶草属

产地：墨西哥

花期：夏季

小贴士

繁殖方式有枝插、叶插和播种等，一般以叶插为主，选取完整、饱满的叶片，放在微潮湿、疏松的土表，忌暴晒，过段时间就会萌发根叶，当根长到 2 ~ 3 厘米时便可覆盖上一层薄薄的细沙。

星美人

多年生肉质草本植物，植株小巧玲珑，茎短小。叶互生，肉质肥厚，呈倒卵形至倒卵状椭圆形，长3~5厘米，宽1.8~3厘米，先端钝圆，表面平滑，无叶柄。新叶从叶腋生出，为浅蓝绿色，被有白粉，光照充足时叶缘和叶尖会泛红晕。花序较矮，小花倒钟形，红色，花瓣椭圆形。

养护全指导

种植： 适宜疏松肥沃、排水透气性良好的沙壤土，盆土可用2份腐叶土、1份园土、3份粗砂或蛭石混合配制，还可以掺入少量的骨粉。

浇水： 耐旱性强，生长期保持土壤湿润即可，休眠期逐渐减少浇水。

光照： 喜欢温暖、干燥和阳光充足的环境，稍耐半阴，生长期可以全日照，夏季高温时需要适当遮阴。

温度： 最低生长温度为10℃。

施肥： 每20~30天施1次腐熟的稀薄氮肥或复合肥。

多肉小档案

别名：白美人、厚叶草

科属：景天科厚叶草属

产地：墨西哥

花期：初夏

小贴士

夏季高温时植株进入休眠期，生长缓慢或停滞，要减少浇水并避免强光直射，保持良好的通风，防止因闷热、潮湿造成植株腐烂。冬季室温最好保持在10℃左右，将其放在向阳处，盆土微湿润即可。

月美人

多年生肉质植物，茎短小。叶肉质，倒卵形至铲形，先端较尖，排列较为疏松，近似莲座状，叶表被有白粉。花序长 15～40 厘米，苞片覆白霜，略带红色，花冠五角形，花瓣菱形至披针形，裂片直立。

养护全指导

种植：适宜疏松、排水透气性好的沙壤土。
浇水：每月浇水 2 次，切忌积水，休眠期逐渐减少浇水。
光照：喜欢阳光，可以全日照。
温度：最低温度不低于 5℃。
施肥：每月施肥 2 次。

多肉小档案

别名：无
科属：景天科厚叶草属
产地：墨西哥
花期：不详

小贴士

繁殖方式有叶插和枝插。叶插可在生长季从健壮的植株上选取完整、饱满的叶片，在阴凉的环境中晾晒几天，然后放在土表，保持盆土湿润，很容易生根成活。还可在植株底部截取分枝，等到伤口愈合后插在土壤中，不用浇水，也不能暴晒。

冬美人

多年生肉质草本植物，是风车草属和厚叶草属的跨属杂交品种。叶片肥厚，呈匙形，有叶尖，叶缘圆弧状，环状排列，叶片光滑，表面被有白粉，呈蓝绿色至灰白色，叶端和叶心微带粉红色。簇状花序，花倒钟形，红色，花瓣有5枚，串状排列。

养护全指导

种植： 喜疏松、排水透气性好的土壤，一般用泥炭土、蛭石和珍珠岩按等比例混合配制。

浇水： 遵循"干透浇透，见干见湿"的原则，避免植株中心积水。

光照： 喜欢温暖、干燥和光照充足的环境，可以全日照。

温度： 适宜生长温度为18～25℃。

施肥： 生长期每月施肥1次。

小贴士

冬美人小巧玲珑，叶形精巧可爱，叶色美丽梦幻，具有较高的观赏价值，做成盆栽既可以装饰室内，又具有净化空气的作用。

多肉小档案

别名： 东美人

科属： 景天科厚叶草属

产地： 杂交种

花期： 初夏

雨燕座

多年生肉质草本植物，植株较大，是星座系的石莲品种之一。叶片细长，蓝绿色，层层紧密排列成莲座状，有叶尖，叶缘呈红色，阳光越充足，红边越耀眼，若阳光不足，则颜色较黯淡。小花钟形，黄色。

养护全指导

种植： 适宜疏松、透气、排水性好的土壤。

浇水： 生长季节干透浇透，夏季适当控水，避免积水。

光照： 喜欢阳光充足的环境，生长季节可全日照，夏季强光时需要适当遮阴。

温度： 最低温度不能低于 7℃。

施肥： 生长期每月施肥 1 次。

多肉小档案

别名：天燕座

科属：景天科拟石莲花属

产地：未知

花期：春季

小贴士

繁殖方式有叶插和枝插，叶插需要选取完整、饱满的叶片，放在阴凉处待稍干后，放在土表，保持盆土湿润，等其长出须根后再埋入土中。枝插需截取健康的植株，插入盆土中，等根部长出后再逐渐增加浇水量。

猎户座

多年生肉质草本植物，植株较大。叶片肥厚饱满，匙形，先端较尖，紧密排列成莲花状，微向上包拢，叶表被有白粉。叶色较为梦幻，瓦青色中泛着粉蓝色，叶缘为深粉色，略透明。穗状花序，小花钟形，橙色。

养护全指导

种植：适宜疏松肥沃、排水透气性好的土壤。

浇水：生长季节保持盆土湿润即可，夏季要节制浇水，避免积水造成植株根系腐烂，冬季逐渐减少浇水甚至断水，保持盆土干燥，避免冻伤。

光照：喜欢阳光充足的环境，耐半阴，生长季可以全日照，夏季避免强光直射。

温度：最低生长温度为5℃。

施肥：生长期每月施肥1次。

多肉小档案

别名：无

科属：景天科拟石莲花属

产地：墨西哥及中美洲

花期：春末

小贴士

猎户座具有冷凉季节生长、夏季高温休眠的习性，在夏季要适当遮阴，并保持良好的通风，防止湿热造成植株腐烂。冬季温度低于5℃时要断水，并将其放在光线充足的窗台处过冬，防止霜冻。

麒麟座

多年生肉质草本植物，株型较大，高度可达 30 厘米。叶片肉质，肥厚饱满，有叶尖，为卵状三角形，紧密排列成莲座状，常年呈淡蓝绿色，分布有斑点。光照充足时叶缘和龙脊线为红色，叶呈浅绿色，光线不足时叶为浅嫩绿色，叶片也会拉长，影响其观赏性。

养护全指导

种植： 适宜疏松肥沃、排水透气性好的土壤。

浇水： 生长季节干透浇透即可，休眠期节制浇水。

光照： 喜欢光照充足的环境，生长期可全日照，夏季强光时适当遮阴。

温度： 最低生长温度为 5℃。

施肥： 生长期每月施肥 1 次。

小贴士

繁殖方式以叶插为主，方法简单，从健康植株上选取完整、饱满的叶子，在阴凉处晾晒几天，稍微干燥后放在盆土上，保持盆土湿润即可，成活率很高，也可以剪取植株的侧芽进行繁殖。

多肉小档案

别名： 阿吉塔玫瑰

科属： 景天科拟石莲花属

产地： 园艺培植

花期： 春季、冬季

武仙座

多年生肉质植物，植株矮壮，株高在25厘米之内。叶片肉质，匙形，有小叶尖，整体紧密排列成莲座状。叶片为蓝绿色，出状态时叶缘和叶尖呈紫红色，与红边月影较为相似。

养护全指导

种植：适宜疏松肥沃、排水透气性好的土壤。

浇水：生长期需要充足的水分，忌积水，夏季要节制浇水，并避免淋雨以免造成植株腐烂，冬季要保持盆土干燥。

光照：喜欢阳光充足的环境，生长期可全日照，夏季强光时要适当遮阴。

温度：最低生长温度为5℃。

施肥：生长期每月施肥1次。

小贴士

繁殖方式通常有叶插和枝插，叶插选取成熟健康的叶片，在阴凉处将伤口晾干，放在微湿润的土表，待其生根后埋入土中。枝插法是将剪取的分枝晾干后插入土中，等其生根发芽后即可盆栽。

多肉小档案

别名：无

科属：景天科拟石莲花属

产地：园艺培植

花期：春季

双子座

多年生肉质草本植物。叶片肉质，基生，宽倒卵形或扇形，整齐排列成莲座状，叶片向内凹陷有波折，叶缘半透明状，强光下呈淡粉色，叶端有小尖，叶面被有白粉。总状花序蝎尾状，单歧聚伞花序腋生，小花钟形，红褐色，顶端黄色。

多肉小档案

别名：博勒克斯

科属：景天科拟石莲花属

产地：墨西哥

花期：春季、夏季

养护全指导

种植：适宜疏松透气、排水性好的土壤。

浇水：生长期盆土要干透浇透，夏季节制浇水，保持盆土稍干燥。

光照：喜欢温暖、干燥和阳光充足的环境，稍耐半阴，夏季需要适当遮阴。

温度：生长适宜温度为 15 ~ 30℃，冬季气温不低于 0℃。

施肥：生长期每 20 天左右施肥 1 次。

小贴士

在换季时，双子座容易出现介壳虫、粉蚧、蚜虫、白粉病等病虫害，因此要做好预防工作，种植前对泥土进行高温杀菌，虫害出现的数量少时，可以人工去除，较多时可使用杀菌药。

蒂亚

多年生肉质植物，植株多分枝，时间久了容易形成老桩。叶片倒卵状楔形，叶端有三角状短尖头，排列成紧密的莲座状。叶片边缘长有极短的硬毛刺，叶背中部具有龙骨状突起。叶片一般为绿色，在光照充足的秋冬季节可以变成非常艳丽的红色。小花钟形，白色。

养护全指导

种植：适宜疏松透气、排水性和透气性都较好的土壤，盆土可用泥炭土、煤渣和珍珠岩，按照1：1：1的比例混合配制。

浇水：干透浇透，夏季高温时适当控水。

光照：喜欢阳光充足、通风良好的环境，盛夏光照较强时注意遮阴。

温度：适宜生长温度为10～20℃。

施肥：生长期每月施淡肥1次。

多肉小档案

别名：绿焰

科属：景天科景天属 × 拟石莲花属

产地：园艺培植

花期：春季

小贴士

养活蒂亚很容易，但要想养出最好的状态，就要满足其光照要求，时间以每天5小时左右为佳。光照不足的情况下，叶片不仅不会变成红色，植株整体还会发生徒长现象，株型松散，叶片变薄、拉长。

蓝苹果

多年生肉质植物，植株容易群生，生长多年的老株的茎会木质化，形成老桩。叶片轮生，匙形，叶端斜尖，呈莲座状排列。叶面微微向下凹或平，叶背具有龙骨状凸起。叶表被白粉，在温差较大的情况下，如果光照充足，叶尖或整个叶片可变成桃红色。花柠檬黄色。

养护全指导

种植： 适宜疏松透气的土壤，盆土可用泥炭土、鹿沼土、珍珠岩等按照一定比例混合配制。

浇水： 生长季节可充分浇水，避免盆土长期处于干燥状态。

光照： 喜欢光照充足的环境，夏季阳光较强时注意遮阴。

温度： 适宜生长温度为 15 ~ 25℃。

施肥： 生长期每月施肥 1 次。

小贴士

如果将蓝苹果养护在室外环境中，多雨季节应注意避免经常淋雨，否则叶片上的积水可造成腐烂现象，不仅严重影响观赏效果，还可能引起病菌滋生。

多肉小档案

别名：蓝精灵

科属：景天科景天属 × 拟石莲花属

产地：美国

花期：春末夏初

灯泡

多年生肉质植物，多为单头，有时也会有多头群生，植株无茎，光滑圆润、晶莹剔透，就像一颗颗耀眼的明珠。表皮为亮绿色，透明质，光照充足时为红色。叶肉质，呈半球形。花朵较大，呈淡紫色，中心部位为白色，通常白天开花，夜晚闭合。

养护全指导

种植：适宜疏松透气、排水性好的土壤，盆土可用腐叶土或草灰、泥炭土与赤玉土或粗砂等颗粒材料混合配制，可在土表铺一层石子或陶粒。

浇水：干透浇透，休眠期可适当减少浇水。

光照：喜欢阳光充足的环境，不耐阴，生长期可以全日照，夏季高温时要适当遮阴。

温度：最低生长温度为5℃。

施肥：生长速度较慢，对养分要求不高，不需要施肥。

多肉小档案

别名：	富士山
科属：	番杏科肉锥花属
产地：	南非和纳米比亚
花期：	春季、秋季

小贴士

繁殖方式以播种为主，主要在秋季进行，播种后需要盖上一层玻璃片，浇水则需要采取特殊的方法，将花盆放在水盆中，等水从花盆底部慢慢洇湿土壤，出苗后要及时将苗扶正，并把裸露的根埋好。

生石花

多年生小型多肉植物，茎极短，几乎看不见。叶两片，对生联结，肉质肥厚，顶端平坦，呈倒圆锥体形，形如彩石。对生叶中间的缝隙中可开出黄、白、粉等色花朵，多在下午开放，傍晚闭合，开的花几乎可以覆盖整个植株。

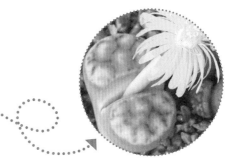

养护全指导

种植： 适宜疏松、透气的中性沙壤土，可用培养土、腐叶土和粗砂的混合土，还可加少量鸡粪。每两年换盆、换土 1 次。

浇水： 生长期保持盆土湿润，冬季需保持盆土干燥。

光照： 喜欢阳光充足的环境，夏季高温时需要适当遮阴。

温度： 适宜生长温度为 10 ~ 30℃，冬季温度需要保持在 8 ~ 10℃。

施肥： 每半个月施 1 次肥，用稀释的饼肥水或 15-15-30 的盆花专用肥。

多肉小档案

别名：石头花、元宝

科属：番杏科生石花属

产地：南非

花期：春季

小贴士

生石花属于室内花卉，适宜一年四季放在温室内养护，不适宜地栽。盆栽需要放在有一定高度的架子或台子上，避免花盆积水，造成植株腐烂，同时需要多通风。

第四章

多肉创意组合

　　掌握了多肉植物的养护和繁殖方法，也了解了不同多肉的习性，再着手进行大量种植或组盆就相当简单了。这一部分具体操作起来并不难，重要的是创意。只有想法新颖，独辟蹊径，才能打造出与众不同的多肉花园。

多肉掌上花园

将玲珑秀气、色彩缤纷的各种多肉植物，按照一定的层次种植在一个小巧精致的白色陶瓷八角盆内，俨然一个可以捧在手心的多肉花园。

组盆工具及材料

填土器、镊子、培养土、鹿沼土、轻石

所需多肉

皮氏石莲

柳叶莲华

格林

黄金万年草

马库斯

因地卡

黄丽

组盆步骤

① 将一小块轻石放在花盆底部的透气孔处，避免漏土。

② 用填土器将培养土装入花盆，至九分满即可，并整理平整。

③ 先将较大棵的多肉种入花盆，接着依次种入剩余的多肉。

④ 用镊子调整多肉根部土壤，并将多肉植株固定好。

⑤ 在土壤表面铺上一层颗粒较大的鹿沼土，以利于透气和通风。

⑥ 整理完毕，一个令人怦然心动的多肉组盆就完成了。

组盆后的养护

1. 将其放到光照充足的地方，防止徒长。

2. 适时浇水，以保持盆土湿润为佳，避免盆内积水。

3. 此款组盆可爱精致，可放到几案、书桌等处。

多肉蛋糕

别具特色的树根木质花盆好似一个蛋糕盒，植入株型、颜色、层次各不同的多肉植物，整体看上去就是一个另类的多肉蛋糕，让人不禁"垂涎三尺"。

组盆工具及材料

填土器、小铲子、培养土、鹿沼土

所需多肉

马齿苋树

金钱木

皮氏石莲

千佛手

紫牡丹

紫珍珠

组盆步骤

① 将木质花盆处理干净，准备好。

② 用填土器将培养土装入花盆。

③ 培养土填至花盆九分满即可，将表面整理平整。

④ 在土壤表面挖一个小坑，先种入较大棵的多肉。

⑤ 将剩余多肉依次种入花盆中。

⑥ 用小铲子将鹿沼土铺到土壤表面，整理好即可。

组盆后的养护

1. 每天保证一定的光照时间，否则容易发生徒长。

2. 浇水依照"不干不浇，浇则浇透"的原则，夏季高温时注意控制浇水量。

3. 可两年换一次盆土。

多肉木抽屉

用树纹斑驳的木块做成抽屉状的花盆，种入脆嫩的生命力旺盛的多肉，可以带给人一种视觉上的反差，从而使二者的组合更别具特色，也更具有装饰性。

组盆工具及材料

填土器、小铲子、橡胶洗耳球、培养土、鹿沼土

所需多肉

姬星美人

江户紫

皮氏石莲

丸叶万年草

因地卡

玉树

紫珍珠

组盆步骤

① 用填土器往花盆里装入培养土。

② 培养土填至花盆九分满即可，将表面整理平整。

③ 在土壤表面挖一个小坑，先种入较大棵的多肉。

④ 依次种入剩下的多肉后，用小铲子在表面铺一层鹿沼土。

⑤ 用橡胶洗耳球吹去多肉植株和花盆上的灰尘。

⑥ 整理干净后放到光照充足的地方即可。

组盆后的养护

1. 应放置在光照充足的地方养护，但夏季要避免强光直射。

2. 注意病虫害的防治。

3. 冬天温度过低时应移至室内养护。

多肉莲花池

若将玲珑精致的白色花盆看作一方小小的池塘，那其中的多肉就可被看作一朵朵正在盛开的莲花，二者的完美组合就是一个别样的多肉莲花池了。看，还有一只小鸭子在里面欢快地游泳呢。

组盆工具及材料

填土器、培养土、鹿沼土、轻石

所需多肉

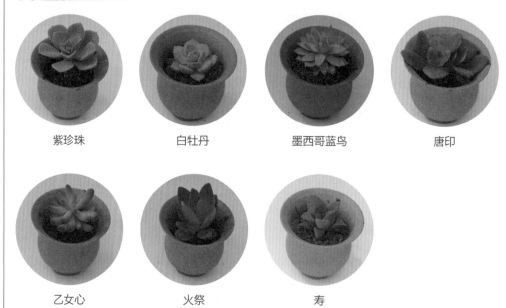

紫珍珠   白牡丹   墨西哥蓝鸟   唐印

乙女心   火祭   寿

组盆步骤

① 将一小块轻石放在花盆底部的透气孔处，避免漏土。

② 用填土器将准备好的培养土装入花盆中。

③ 培养土填至花盆的九分满即可，并将表面整理平整。

④ 在土壤表面挖一个小坑，先将较大棵的多肉种入。

⑤ 将剩余多肉依次种好后，用填土器在表面铺一层鹿沼土。

⑥ 将多肉和花盆清理干净后，可以放入一只玩具小鸭子作为装饰物。

组盆后的养护

1. 需给予充足的光照，这样多肉株型才会紧实美观，颜色才会更加艳丽。

2. 浇水要不干不浇，浇则浇透，休眠期要少水或不给水。

3. 生长旺季可少量施肥。

多肉拼盘

将株型各异、颜色不同的景天科多肉种在一个别致的白色花盆中，看了很是赏心悦目，将这个组盆摆放到餐桌等处，俨然一个诱人食欲的多肉拼盘。

组盆工具及材料

填土器、小铲子、轻石、培养土、鹿沼土

所需多肉

蒂亚　　　黄金万年草　　　黄丽　　　千佛手

因地卡　　　紫牡丹　　　紫珍珠　　　鲁氏石莲花

组盆步骤

① 在花盆底部的透气孔处放上一小块轻石，防止漏土。

② 用填土器往花盆中装入培养土，至九分满即可。

③ 在土壤表面挖一个小坑，先将较大棵的多肉种入。

④ 依次种入剩余多肉后，用小铲子将其固定好，并将表面整理平整。

⑤ 用填土器在表面铺上一层鹿沼土。

⑥ 整理干净后放到光照充足的地方养护即可。

组盆后的养护

1. 可以全日照，但夏季应注意适当遮阴。

2. 冬天温度过低时应移到室内通风处养护。

3. 夏季高温和冬季过冷时应控制浇水量，且不可浇到植株上。

多肉海景

透明的玻璃花器、高低不同的多肉植物、宛如沙子一般的赤玉土，让整个组盆看上去就像一幅优美的海景图，看着看着仿佛感受到了习习的海风，听到了沙沙的海浪声。

组盆工具及材料

填土器、轻石、陶粒、珍珠岩、培养土、赤玉土

所需多肉

黑法师

蒂亚

红稚莲

黄金万年草

霜之朝

黄丽

吉娃莲

马齿苋树

圣诞冬云

紫珍珠

组盆步骤

① 在花盆底部铺厚厚一层陶粒。

② 用填土器在陶粒上面铺一层珍珠岩。

③ 用填土器在珍珠岩上铺一层培养土，并将表面整理平整。

④ 在土壤表面挖一个小坑，先将较大棵的多肉种入。

⑤ 依次种入剩余多肉植物，并在合适位置放入一块轻石。

⑥ 在表面铺上一层赤玉土，并将花盆和多肉整理干净就算完成了。

组盆后的养护

1. 应给予此组盆充足的光照，这样才能使多肉的颜色变得更加漂亮。

2. 夏季休眠期要保证通风良好，且要避免长期淋雨，适当遮光。

3. 避免积水，且不可将水浇到叶片上。

多肉心愿瓶

瓶子状的花盆很有个性，种入同样独特的多肉植物，创意感十足，仿佛一个别出心裁的心愿瓶，再放上一些小饰品，更显活泼有趣，看着它，让人忍不住默默许下一个小小的心愿。

组盆工具及材料

填土器、小铲子、轻石、培养土、赤玉土、珍珠岩

所需多肉

虹之玉

黄金万年草

墨西哥蓝鸟

星王子

组盆步骤

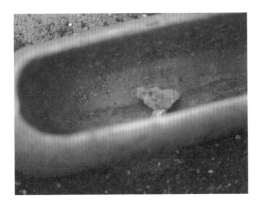

① 在花盆底部的透气孔处放入一小块轻石，防止漏土。

② 用填土器往花盆中放入培养土，至九分满即可。

③ 在土壤表面挖一个小坑，先种入较大棵的多肉。

④ 用小铲子辅助依次种入剩余多肉植物。

⑤ 用小铲子在表面铺上一层赤玉土。

⑥ 放上装饰的小物品，再铺上少许珍珠岩就完成了。

组盆后的养护

1. 全日照养护下，植株颜色会变得非常艳丽，株型也会更加紧凑。

2. 需保证良好的通风条件，否则空气湿度大容易发生茎腐病或叶斑病。

3. 夏季控制浇水，更不可使盆内积水。

多肉仙境

高低不同、颜色各异的多肉植物被错落
有致地种入花盆中，呈现出一派欣欣向
荣的景象，就像是一个森林的微缩景观，
搭配着仿若一座小岛的花盆，简直就是
一幅多肉仙境图。

组盆工具及材料

填土器、小铲子、陶粒、培养土、珍珠岩

所需多肉

绿玉树

初恋

黄金万年草

黄丽

姬胧月

柳叶莲华

特玉莲

丸叶万年草

乙女心

紫牡丹

组盆步骤

① 用填土器在花盆里铺一层厚厚的陶粒。

② 用填土器往花盆中放入培养土，至九分满即可。

③ 在土壤表面挖一个小坑，先种入较大棵的多肉。

④ 依次种入剩余多肉植物，并将土壤整理平整。

⑤ 用填土器在表面铺上一层珍珠岩。

⑥ 用小铲子固定多肉根部，并将表面珍珠岩整理好。

组盆后的养护

1. 要想多肉的颜色变得更加漂亮，就要为其营造光照充足且温差较大的环境。

2. 冬季需移至温室或温暖的室内养护，以免被冻坏。

3. 浇水不可太频繁，避免积水。

多肉爱心组合

小巧精美的白色心形陶瓷花盆，与排列成层层莲座状的几款景天科多肉搭配在一起，真是再合适不过了。一段时间之后，它们还会绽放出更加美丽的色彩，仿佛是在回报主人的精心养护。

组盆工具及材料

填土器、橡胶洗耳球、培养土、鹿沼土、轻石

所需多肉

紫珍珠

白牡丹

冬美人

黄丽

皮氏石莲

青丽

组盆步骤

① 将一小块轻石放在花盆底部的透气孔处，避免漏土。

② 用填土器将准备好的培养土装入花盆中。

③ 培养土至花盆的九分满即可，并将表面整理平整。

④ 在土壤表面挖一个小坑，先将较大棵的多肉种入。

⑤ 将剩余多肉依次种好后，用填土器在表面铺一层鹿沼土。

⑥ 用橡胶洗耳球吹掉花盆周围及多肉上面的尘土就算完成了。

组盆后的养护

1. 可将此组盆放到光照充足且通风的地方，但要避免烈日暴晒。

2. 10~15 天浇一次水即可，但注意不要浇到叶片上，以免将冬美人、皮氏石莲和白牡丹上的霜粉冲刷掉。

3. 紫珍珠和白牡丹容易发生介壳虫病，注意防治。

多肉猫咪花篮

将各种萌态十足的多肉植物种入猫咪造型的藤编花器中，就成了一件独特而精致的礼物，若用来送朋友，一定会得到大大的称赞，留给自己养护，则又会收获不一样的喜悦。

组盆工具及材料

填土器、橡胶洗耳球、浇水壶、陶粒、培养土

所需多肉

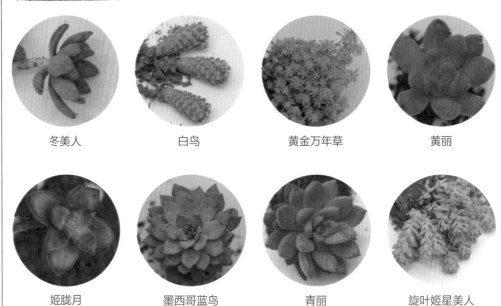

冬美人	白鸟	黄金万年草	黄丽
姬胧月	墨西哥蓝鸟	青丽	旋叶姬星美人

组盆步骤

① 在花盆底部铺一层陶粒。

② 用填土器将培养土装入花盆中，至九分满即可。

③ 在土壤表面挖一个小坑，先种入较大棵的多肉植物。

④ 依次种入剩余多肉后，再在表面铺一层陶粒。

⑤ 用橡胶洗耳球吹去多肉叶片上的尘土。

⑥ 用浇水壶浇入适量水，放到光照充足处即可。

组盆后的养护

1. 应将其放到光照充足的地方养护。

2. 夏季高温时应避免烈日暴晒，并保证通风良好。

3. 浇水时注意不要浇到叶片上，以免把上面的霜粉冲掉，也不要浇到叶心，以免其腐烂。

多肉木盆世界

将姿态各异的几种多肉植物种在朴实无华的木盆中，竟会生出一种古朴典雅的气息。多肉的精彩热烈与木盆的娴静雅致相得益彰，会营造出一个令人意想不到的多肉小世界。

组盆工具及材料

填土器、橡胶洗耳球、小铲子、陶粒、培养土、珍珠岩、轻石

所需多肉

紫珍珠

八千代

黄金万年草

柳叶莲华

乙女心

冬美人

组盆步骤

① 用填土器在花盆底部铺一层陶粒。

② 用填土器将培养土装入花盆中，至九分满即可。

③ 在土壤表面挖一个小坑，先种入较大棵的多肉植物。

④ 依次种入剩余多肉后，用橡胶洗耳球吹去多肉上的尘土。

⑤ 在表面铺一层珍珠岩，用小铲子将其整理平整。

⑥ 最后放上一块轻石就可将其移到光照充足的地方了。

组盆后的养护

1. 想要植株颜色变得更加艳丽，就要为其营造光照充足、温差较大的环境。
2. 浇水不可过多，避免积水造成根部腐烂。
3. 若发现干枯的老叶，应及时摘除，避免堆积从而导致细菌滋生。

多肉组合盆景

长出老桩的冬美人与用来造盆景的植物有异曲同工之处，与其他株型矮小的多肉组合在一起，一个独特的多肉组合盆景就出现了。与普通盆景相比，更多了一份清新亮丽的韵味。

组盆工具及材料

填土器、陶粒、培养土、赤玉土

所需多肉

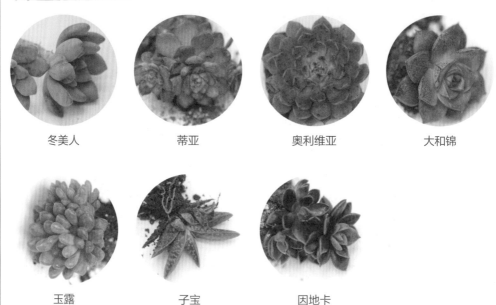

冬美人　　　　蒂亚　　　　奥利维亚　　　　大和锦

玉露　　　　子宝　　　　因地卡

组盆步骤

① 在花盆底部铺一层陶粒。

② 用填土器将培养土装入花盆中，至九分满即可。

③ 在土壤表面挖一个小坑，先种入较大棵的多肉植物。

④ 依次种入剩余多肉植物。

⑤ 用填土器在表面铺一层赤玉土。

⑥ 整理平整，清理干净，组盆就完成了。

组盆后的养护

1. 休眠期要保证良好的通风，适当遮阴，还要控制浇水及避免长期淋雨。

2. 生长期可每月施一次腐熟的稀薄液肥，夏季高温时停止施肥。

3. 干透浇透，不干不浇，避免盆土积水。

多肉丛林

金钱木、虹之玉、黄丽、丸叶万年草等高低不同的多肉种在一起，像极了丛林中高大的乔木、低矮的灌木、柔软的草本和伏生的地衣的组合。在精心养护下，一定会变得更加繁盛。

组盆工具及材料

填土器、橡胶洗耳球、轻石、培养土、赤玉土

所需多肉

金钱木　　虹之玉　　银手指　　黑王子　　姬胧月

皮氏石莲　　鲁氏石莲花　　丸叶万年草　　紫珍珠　　黄丽

组盆步骤

① 在花盆底部的透气孔处放上一小块轻石，防止漏土。

② 用填土器将培养土装入花盆中，至九分满即可。

③ 在土壤表面挖一个小坑，先种入较大棵的多肉植物。

④ 依次种入剩余多肉植物后，用橡胶洗耳球吹去上面的尘土。

⑤ 用填土器在表面铺一层赤玉土。

⑥ 用小铲子辅助固定好多肉根部，并将表面整理平整。

组盆后的养护

1. 为避免冻伤，冬季 0℃以下时应移至室内较温暖处养护。

2. 光照不足或水分过多会发生徒长，所以一定要保证光照充足及避免盆土积水。

3. 可每月施一次稀薄液肥。

多肉银元宝

洁白的瓷质花盆简洁又雅致，各种多肉植物亮丽而多姿，二者的搭配可谓是珠联璧合。不仅如此，整个组盆看上去就像是一个特大号的银元宝，看着它，"恭喜发财"四字忍不住要脱口而出了。

组盆工具及材料

填土器、小铲子、橡胶洗耳球、轻石、培养土、白石子

所需多肉

金钱木　　八千代　　白牡丹　　不死鸟锦　　初恋　　虹之玉

黄金万年草　　黄丽　　吉娃莲　　皮氏石莲　　柳叶椒草　　马库斯

千佛手　　青丽　　霜之朝　　丸叶姬秋丽

组盆步骤

① 在花盆底部的透气孔处放上一小块轻石。

② 用填土器将培养土装入花盆中，至九分满即可。

③ 在土壤表面挖一个小坑，先种入较大棵的多肉植物。

④ 依次种入剩余多肉植物。

⑤ 用填土器在表面铺一层白石子。

⑥ 用橡胶洗耳球吹去多肉植株上的尘土即可。

组盆后的养护

1. 养护环境要避免强光直射及闷热潮湿。

2. 浇水依照"不干不浇，浇则浇透"的原则，休眠期控制浇水。

3. 夏季高温时注意适当遮阴，不可长时间暴晒，以免造成叶片损伤。

多肉礼篮

送人礼物不知道怎么选？不如自己动手制作一个吧。只需要一个简单的藤编花篮和几株株型、颜色各不同的多肉植物，轻轻松松就会得到一个诚意满满且生命力旺盛的多肉礼篮。

组盆工具及材料

填土器、小铲子、陶粒、培养土、赤玉土

所需多肉

金钱木

马齿苋树

红稚莲

虹之玉

黄丽

皮氏石莲

千佛手

星王子

不死鸟锦

组盆步骤

① 用填土器在花盆底部铺一层陶粒。

② 将培养土装入花盆中，至九分满即可，并整理平整。

③ 用小铲子在土壤表面挖一个小坑，先种入较大棵的多肉植物。

④ 依次种入剩余多肉植物。

⑤ 用填土器在表面铺一层赤玉土。

⑥ 用小铲子做辅助，固定好多肉根部，最后整理平整即可。

组盆后的养护

1. 春秋两季正常给水，冬季与夏季要控制浇水，以防冻伤或根部腐烂。

2. 施肥不用太勤，量也不宜过大，否则容易造成茎叶徒长，茎节拉长。

3. 夏季高温要适当遮阴，冬季低温应移至室内较温暖处养护。

多肉水晶杯

水晶杯状的透明玻璃质花器小巧精致，用来种植萌萌的小型多肉非常适合，再放上一些小饰物，就打造出了一个童话般的小世界，而多肉植物就在这一方天地中演绎着自己的精彩。

组盆工具及材料

填土器、小铲子、橡胶洗耳球、珍珠岩、培养土、赤玉土

所需多肉

丸叶姬秋丽

火祭

白牡丹

虹之玉

千佛手

组盆步骤

① 用填土器在花盆底部铺一层珍珠岩。

② 用填土器将培养土装入花盆中，并用小铲子整理平整。

③ 在土壤表面挖一个小坑，先种入较大棵的多肉植物。

④ 依次种入剩余多肉植物后，用小铲子铺上一层赤玉土。

⑤ 将准备好的小饰物放进花盆里的空隙处。

⑥ 用橡胶洗耳球吸水，然后滴在花盆中即可。

组盆后的养护

1. 除了冬季寒冷时期外，可将其放到室外养护，以保证充足的光照。

2. 怕水湿，因此要适度浇水，不可使盆土积水，也不可长期淋雨。

3. 夏季休眠期，要控制浇水并保证通风良好，高温时要适当遮阴。

多肉鸽巢

在鸽子造型的浅绿色花盆种上繁盛而多彩的多肉植物，看上去仿佛是鸽妈妈为了保证小鸽子们的安全，也为了让其能够尽情玩耍，而将整个巢穴背在了背上，真是奇特又有趣。

组盆工具及材料

填土器、镊子、纱网、培养土、珍珠岩

所需多肉

柳叶莲华

红化妆

皮氏石莲

火祭

筒叶花月

晚霞之舞

小米星

新玉缀

月兔耳

组盆步骤

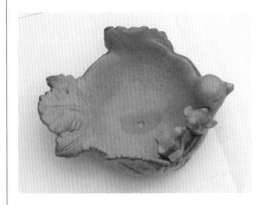

① 在花盆底部的透气孔处放上一小块纱网，防止漏土。

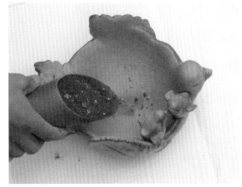

② 用填土器将培养土装入花盆中，至九分满即可。

③ 在整理平整的土壤表面挖一个小坑。

④ 利用镊子，先将较大棵的多肉植物种入。

⑤ 依次种入剩余多肉植物后，用填土器在表面铺一层珍珠岩。

⑥ 整理平整，清理干净，移至光照充足处即可。

组盆后的养护

1. 春秋两季最好放到室外养护，夏季高温时注意遮阴，冬季温度过低时要移至室内。

2. 夏季高温休眠期及冬季温度 0℃以下时要控制浇水。

3. 注意病虫害的防治，发现后应及时处理。

多肉礼物盒

绘有暗纹的白色花盆简洁素雅，与极具观赏性的各色、各型的多肉植物搭配在一起，就像是一个精心准备的别致而不俗的礼物盒，任何人收到这样的礼物都会忍不住心生喜悦吧。

组盆工具及材料

填土器、陶粒、培养土、白石子

所需多肉

冬美人

虹之玉

黄金万年草

黄丽

皮氏石莲

马库斯

青丽

紫珍珠

组盆步骤

① 用填土器在花盆底部铺一层陶粒。

② 用填土器将培养土装入花盆中。

③ 培养土填至花盆的九分满即可，并整理平整。

④ 在土壤表面挖一个小坑，先种入较大棵的多肉植物。

⑤ 依次种入剩余多肉植物后，用填土器在表面铺一层白石子。

⑥ 清理干净后就可将其移至光照充足处养护了。

组盆后的养护

1. 夏季温度高于35℃、冬季低于5℃时要减少浇水或停止浇水。

2. 除了盛夏高温时要适当遮阴外，其余时间都要尽量保证光照充足，以免发生徒长。

3. 及时摘除干枯的老叶，并经常检查是否有害虫或细菌滋生。

多肉提盒

仿照古时用来盛放物品的提盒而造的木质花盆，与绚烂多姿的多肉植物组合在一起，有一种奇妙而又非常相配的感觉。此外，花盆的提梁使得以后养护过程中的移动也更加方便。

组盆工具及材料

填土器、小木棒、浇水壶、陶粒、培养土

所需多肉

条纹十二卷

火祭

千佛手

银手指

玉露寿

组盆步骤

① 用填土器在花盆底部铺一层陶粒。

② 用填土器将培养土装入花盆中，至九分满即可。

③ 用小木棒在土壤表面挖一个小坑，先种入较大棵的多肉植物。

④ 依次种入剩余多肉植物后，用小木棒辅助固定好多肉根部。

⑤ 整理平整后，用填土器在表面铺一层陶粒。

⑥ 用浇水壶浇入适量水，移至光照充足处即可。

组盆后的养护

1. 不可长期雨淋，怕高温闷热，夏季高温要遮阴，并保证良好的通风。

2. 浇水不能过于频繁，以免导致烂根，且要避免浇到植株上。

3. 病害可有根腐病和炭疽病，虫害可有介壳虫，注意防治。